# 地形図を読む技術
## 新装版

すべての国土を正確に描いた
基本図を活用する極意

山岡光治

## 著者プロフィール

### 山岡光治(やまおか みつはる)

1945年、横須賀市生まれ。1963年、北海道立美唄工業高等学校を卒業し、国土地理院に技官として入所。札幌、東京、つくば、富山、名古屋などの勤務を経て、中部地方測量部長を務めたのち、2001年に退職。同年、地図会社の株式会社ゼンリンに勤務。2005年に同社を退社し、「オフィス地図豆」を開業、店主となる。おもな著書に『地図の科学』(サイエンス・アイ新書)、『地図を楽しもう』(岩波書店)、『地図に訊け!』(筑摩書房)などがある。

この地図は、国土地理院長の承認を得て、同院発行の20万分の1地勢図、5万分の1地形図、2万5千分の1地形図、1万分の1地形図及び1万分の1湖沼図を複製したものである。(承認番号　平30情複、第275号)

この空中写真は、国土地理院長の承認を得て、同院撮影の空中写真を複製したものである。(承認番号　平30情複、第275号)

本文デザイン・アートディレクション：株式会社ビーワークス、クニメディア株式会社
イラスト：にしかわ たく
校正：曽根信寿

## はじめに

　現在、いつでも、どこでも簡単に地図を手にすることを可能にしている背景には、永年にわたる地図測量技術者の労苦があり、世界に誇れる官製地図の情報公開があります。

　そして昨今、地図を広げて行う街歩きが注目されています。それは、江戸切絵図などをもち歩きながら行う昔探し、地図を広げながらの里山歩きやウオーキング、時系列的な地図やそのほかの資料とともに自然景観や都市景観を楽しむ、構造物に覆い隠された真の地形をのぞき見る坂道歩きや川跡探しなどです。地図が必需品となる富士登山に代表される山歩きも見直されています。

　一方で、人はよくも悪くも地球を開発し続けて生活してきました。その結果として、現在のような自然環境があります。今後も、人がこの地上に永遠に住み続けるには、自らのためだけでなく、人以外の生き物のためにも、地球の大地にとってもよい環境を保持しなければなりません。そのためには、あたかも体の定期健診の経過を比較・検討しつつ、現在の体を問診するかのように、過去から現在までの地球を見つめ、将来を描く必要が

あります。そのための基盤となる素材のひとつが地図でしょう。

　このように、地図を読み、地球をよく知ることから始めて、よい地域開発や土地利用をすることが、この目的を果たすことにつながると思うのは、地図技術者である著者の思い上がりでしょうか？

　ともかくこうした場面で活躍するのが、官製の「地形図」です。本書では、地図遊びのため、そして地図から地上の風景を読み取るためには、なぜ素人目には見やすい市販の地図ではダメで、ゲジゲジな等高線が入った地形図ならいいのか、地形図からはなにが見えて、なにがわかるのか——こうした疑問にお答えしながら「地形図を読む技術」を紹介しようと思います。

2013年6月　山岡光治

### ご注意
本書で紹介していること、特に地図の決まりについては、断りがないかぎり、現在刊行されている紙の地形図の大部分に使用されている「平成14年　2万5千分の1地形図図式」にもとづくものです。従って、現在、国土地理院のWebサイトで閲覧できる「地理院地図（電子国土Web）」の地形図などには対応しないことをお断りしておきます。

# 地形図の整飾(図郭外の説明)の意味

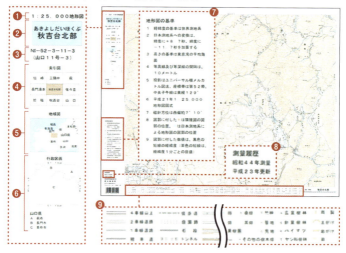

## 例:2万5千分の1地形図「秋吉台北部」

❶ 縮尺 …………………… 本書ではおもにこの「2万5千分の1地形図」の読み方を解説している。

❷ 地形図名 ……………… それぞれの地形図には固有の名前がつけられている。

❸ 地形図の番号 ………「NI-52-3-11-3」の場合。

- N ……… 北半球であることを示す。
- I ………… 赤道から北極に向けて4度ごとに区分した9番目のブロック(北緯32〜36度の間)であることを示す。
- 52 ……… 東経180度(西経180度)の経線を起点に、西経174〜180度を1、西経168〜174度を2というように、6度ごとに区分した52番目のブロック(東経126〜132度の間)であることを示す。以下、この区画を一定の決まりの下で細分している。

❹ 索引図 ………………… 周囲の地形図名が記載されている。

❺ 地域図 ………………… 国土のどこの地域かを図で示している。

❻ 行政区画 ……………… 地形図内の行政区画(市界など)を示している。

❼ 地形図の基準 ………… 経緯度と高さの基準、等高線の間隔、使用した投影法と図式、磁針方位といった作成基準などについて示している。

❽ 測量履歴 ……………… 地形図を測量した年や、修正した年を示す。

❾ 地図記号の凡例 ……… 地形図で使われているおもな記号の意味を示している。

# CONTENTS

はじめに ……………………………………………………………… 3

## 第1章 地形図からなにが読み取れるのか? …… 9
- 1-1 地図で現地の風景がわかる? ………………… 10
- 1-2 地図読みを始める前に ………………………… 32

## 第2章 地形図から多彩な情報を読み取る技術 …… 43
- 2-1 地形図を広げて「秋谷」を歩いてみる ………… 44
- 2-2 縮尺を知って距離や面積を知る ………………… 54
- 2-3 等高線を知って高さを知る ……………………… 60
- 2-4 山や尾根は等高線でどう表現されるか? ……… 82
- 2-5 植生や地名からわかるもの ……………………… 102
- 2-6 異なる地図を並べ、重ねて変遷を読む ………… 114
- 2-7 地図の情報を地球に位置する …………………… 130
- 2-8 ナビゲーションする ……………………………… 132

## 第3章 地形図をもち歩きながら読む技術 …… 149
- 3-1 川跡探しをする〜弦巻川跡を探す ……………… 150
- 3-2 昔探しをする〜人形町の昔を探す ……………… 156
- 3-3 里山歩きをする〜大山千枚田を歩く …………… 160
- 3-4 野山歩きをする〜小田原の不動山に登る ……… 166

## 第4章 地形図から現地の風景に思いをはせる技術 …… 173
- 4-1 半島を読む ………………………………………… 174
- 4-2 河川を読む ………………………………………… 183
- 4-3 海と湖を読む ……………………………………… 193
- 4-4 高まりを読む ……………………………………… 201
- 4-5 森や植生を読む …………………………………… 218
- 4-6 海を読む …………………………………………… 226
- 4-7 地名から読む ……………………………………… 230

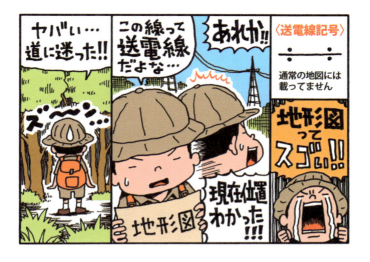

| | | |
|---|---|---|
| 4-8 | 地図から工場を見学する | 243 |
| 4-9 | 集落を読む | 246 |
| 4-10 | 維持管理された地図から読む | 256 |

**参考文献** ... 272

**おわりに** ... 273

**新装版に寄せて** ... 275

**索引** ... 276

## ●地形図の入手方法

地形図は都市部の大きめの書店に行けば販売されていることが多いが、その地方の地形図しか売られていない場合がほとんど。自分の欲しい地形図が手に入らない場合は、インターネットを利用した通信販売で、以下の「日本地図センター」から注文するのが便利だ。直接訪問して購入することもできる。本書でおもに解説している「2万5千分の1地形図」（3色版、多色版）は、全部で4,420枚あり、3色版は1枚278円（税込）、多色版は1枚339円（税込）。大きさは縦46cm×横58cm。

一般財団法人　日本地図センター
http://www.jmc.or.jp/
〒153-8522　東京都目黒区青葉台4-9-6
TEL : 03-3485-5416
FAX : 03-3485-5593

## ●旧版地図の入手方法

旧版地図は国土地理院で謄本（全体の複製）を購入できる。インターネットを利用して「謄本交付申請書」をダウンロード後、必要事項を記入して交付手数料（収入印紙。最寄りの郵便局で購入できる）、送付用の郵便切手とともに国土地理院の謄本交付窓口に送付するのが便利（電子申請もできる）。交付後、送付してくれる。直接訪問して交付してもらうことも可能。本書でおもに解説している「2万5千分の1地形図」の旧版地図（白黒）の交付手数料は1枚500円。大きさは縦46cm×横58cm。くわしくは以下のWebサイトを参照してほしい。

旧版地図の謄本交付について（国土地理院）
http://www.gsi.go.jp/MAP/HISTORY/koufu.html

## ●旧版地図の謄本交付窓口（国土地理院）

国土地理院 地理空間情報部 情報サービス課 謄本交付担当
〒305-0811　茨城県つくば市北郷1番
TEL : 029-864-5956、029-864-5957

国土地理院 関東地方測量部 謄本交付担当
〒102-0074　東京都千代田区九段南1-1-15 九段第2合同庁舎9階
TEL : 03-5213-2055

## ●地形図などのWeb閲覧

国土地理院（http://www.gsi.go.jp）の「地理院地図（電子国土Web）」などから利用できる。

第 **1** 章

# 地形図からなにが読み取れるのか?

この章では地形図の特徴を活かした読図のキホンを、具体例とともに解説しましょう。地形図には、民間の地図にあまり載っていない、たくさんの情報が掲載されています。これらの情報を見落とさず、正確に読み取ることができれば、驚くほどたくさんのことが地形図からわかります。

## 1-1 地図で現地の風景がわかる？

### ❶→ クワガタの森はどこにあるか

　さて、突然ですが「クワガタの森につれてって！」という子どもの願いを、すぐにかなえてあげられるパパが身近にいたら、子どもにとってはヒーローでしょう。しかも、地図を1枚広げただけでその場所を探しあてたとしたら、子どもから尊敬の熱いまなざしを受けるに違いありません。

　それでは、その期待に応えて地図を広げて「クワガタの森」を探すことは可能なのでしょうか？

　私が知っているかぎり、クワガタは夜行性で、クヌギやコナラといった広葉樹林に生息しています。子どものころ懐中電灯をもって、樹液のでそうな広葉樹の森で探しました。クワガタが見えても手が届かない高さにいるときは、木をゆすったり、木の根もとを足で蹴ったりして落ちてきたクワガタを採ったこともあります。

「クワガタの森」を探す条件はほかにもあるのでしょうが、まずは身近な広葉樹林の森を地形図から探します（図1-1-1）。

　そこで使用する地図は「地表のようすを縮小して表したもの」ですが、一般的な民間の地図で広葉樹林を探すことはできません。官製地図を土台にした民間の地図の多くは、ある特定の目的のためにつくられています。たとえば道路地図、観光地図などです。

　民間地図のなかには、官製地図と同列の一般図に近いものもありますが、それでも維持管理が容易になるように官製地図の内容の一部を切りだしたものになっています。そうした民間の地図に地

地形図からなにが読み取れるのか？ 第1章

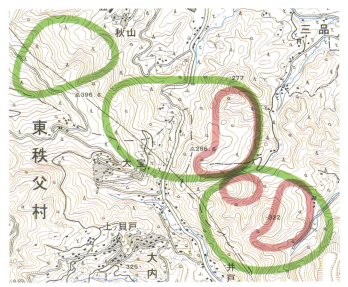

図1-1-1 針葉樹林の森「∧」と広葉樹林の森「Q」(埼玉県東秩父村・寄居町)。緑で囲った上から順に、針葉樹林の森、混合樹林の森、広葉樹林の森。そして、赤で囲ったところが東南の緩斜面。はたしてクワガタはいるでしょうか？
2万5千分の1地形図「寄居」

表の植物分布を示す「植生(記号)」を表現したものは、まずありません。

では、官製の地図、すなわち地形図ではどうでしょうか？

地形図には、くまなく植生記号が記入されています。その図上の森は大きく3つのパターンに分けられます。針葉樹林の森、広葉樹林の森、そして混合樹林の森です。そのほかに、ヤシ科樹林、竹林、笹地、ハイマツ地などの森も表示されていますが、これらはクワガタの採取には関係ありません。

針葉樹林は松やスギ、ヒノキなど、広葉樹林にはクヌギやコナラ、モミジ、ブナなどが繁茂しています。ですから、クワガタ採

集には、地形図を広げて広葉樹の森か混合樹林の森を目指せばいいことになります。ただし、ここで注意しなければならないのは、地図記号の1つひとつに目を奪われないことです。

　こうした地図記号を、田や畑といった「既耕地（の記号）」に対して、「未耕地（の記号）」と呼びます。既耕地なら、範囲を点線で示す植生界で囲み、内部に植生記号を定間隔に配置して表します。一方の未耕地は、広葉樹林の中に針葉樹林が混在することがあるように未耕地相互の範囲が明確でないことが多いため、その界（境目）を不明にしたまま、辺りを代表する植生記号をランダムに配置して、そのようすを表しています（未耕地と既耕地との界なら、明らかにします）。

　未耕地の地図記号は、あくまでも景観を表現していますから、広葉樹林の記号が記入された、まさにその場所に広葉樹があるというものではありません。少し広がりのある範囲を見渡して、広葉樹の記号が複数配置された森を探します。

　しかし、広葉樹林だからかならずクワガタがいる、ということにはならないでしょう。もう少し、クワガタが生息するための条件を知る必要があります。たとえば、水辺が近いところや陽射しの多いところなのでしょうか。そうだとすれば、深山よりは水流が近い里山の南斜面の森になります。

　さらには、クワガタが好むクヌギやコナラが繁茂しやすい森の条件がわかればしめたものです。これも高山地よりは人里に比較的近い緩傾斜の山がいいのかもしれません。このような条件に従って絞り込めば「クワガタの森」を地形図で探すことは可能でしょう。

　そうそう、子ども連れででかけやすいところという、クワガタを採取する側の条件もありました。地形図のつくり手は、このよ

うな「クワガタの森」を探す人のことなど考えてはいませんが、選定の条件さえ明確なら、地形図から目的に合った地域を探しだすことは容易です。

それは、民間の地図の多くが使用目的に沿ってつくられた主題図であるのに対して、地形図は地図を利用する人のどのような要求にも応えられる一般図に区分されもの——つまり地球の縮小版そのものだからです。

なお、以下いずれも断りがないかぎり、著者は地形図だけを確認しており、現地を訪ねているわけではありません。

## ❷→ 眼下に展望が開ける道はどこにあるか?

図1-1-2a　展望が開ける道(岐阜県揖斐川町)。尾根と谷は交互に現れる
2万5千分の1地形図「谷汲」

あたかも地球を見るようにして適所を選定できる例を、もう少

し紹介しましょう。図1-1-2aには「門前」の集落から山へと延びる4ルートの道があります。それぞれが到達する山は異なりますが、小山上りをしながら展望も楽しめるいいルートは、A、B、C、Dのどれでしょうか？　地形図から検討してみます。

　Aルートは、地図記号の区分では幅員が1.5m以上3m未満の小型自動車道路、B、C、Dのルートは1.5m未満の徒歩道です。どの道も山頂やほかの集落までつながっているようですから、山歩きには差し支えない程度の道でしょう。徒歩道には管理が行き届かないものもあり、行き止まりの道には特に注意が必要です。

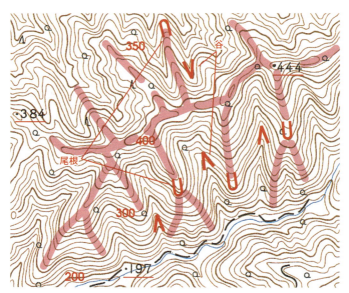

図1-1-2b　等高線から谷と尾根を見つけます(大分県佐伯市)。一般的に谷と尾根を簡単に見分けるには、標高の高いほうから見て、等高線が「V」の形になるほうが谷、低いほうから見て「U」の形になるのが尾根です。この図でいえば、400mの数字のほうから200mのほうを見て、V字形に一致するのが谷。その逆に200mの数字のほうから見てU字形に一致するのが尾根。そして、谷と尾根は交互に出現します
2万5千分の1地形図「重岡」

しかし、Aルートの道も違った意味で安心できません。この道路は、小さなヘアピンカーブで上っていることから自動車道としてつくられたものであることがわかります、しかも、自動車道は山頂の手前で行き止まりになっています。辺りが針葉樹の森であることからして、植林用の林道であることが予想できます。

林道は、伐採や造林を終えると管理が行き届かないものもあります。車を利用するときには、入り口が立派でも安心できません。また、入り口がゲートで閉鎖されている場合もあります。もしかしたら、一般の人は利用できないかもしれません。山へと延びる道の通行の可否については、この程度の事前知識が必要です。

ここで、展望に関連する尾根と谷について、少し復習します。華厳寺の右に池があって、その近くの道路上に「・154」と標高を示した数値（標高点）があり、この左上には「350」(m)の等高線を説明した数値（等高線数値）があります。これを頼りに、谷と尾根を見分けます。

華厳寺を見下ろすように林の中を上ると予想されるAコースの道筋には、大きな谷の中に崩壊土などがつくったような小さな尾根は見えますが、全体として谷の中をクネクネと上っていますから、両側を尾根に囲まれて、このルートの展望は期待できません。たとえ一部に、伐採した場所があっても、展望は谷間の広がりだけにかぎられるでしょう。しかも、作業車両の通過などもあるかもしれません。

次は、BとCのルートです。2つの道の始まりは華厳寺の背後のややなだらかな山を上るので、辺りは寺域（寺の敷地内）の濃い緑に囲まれて森林浴には恵まれるかもしれませんが、ここでの展望も期待できません。また、BとCのルートが分岐するY字路の先は、しだいに傾斜を増しながら、完全に谷を上りますから、

ここも絶望的です。

　Dコースはどうでしょう。上り始めは緩やかな道、そしてつづら折りになって谷を上りますが、その先には荒地の記号も見えて樹林はとぎれ、そのあとはずっと尾根をたどります。このルートをたどっても主要な山には到達しませんが、展望だけで予想するなら、Dルートがいちばん期待できます（実際には、Bのルートが、妙法ケ岳への一般的な登山ルートのようです）。これらは、等高線と植生記号のある地形図だからわかることなのです。

## ❸→ 私はどこにいるのかを送電線に聞いてみる

　もう少し高い山、あるいは深い山に上ります。以下は、そのときのある登山者の言葉です。

「登山道は、次第に人里から離れ、地形図の左手（西）から御前山を目指していました。天候がすぐれず見通しが利きません。持参したGPS端末も機能しません。コンパスもなぜか定まりません。

図1-1-3a　送電線に聞いてみる（岐阜県下呂市）
2万5千分の1地形図「湯屋」

近くを通る高圧送電線のせいかもしれません。進行方向に大きな尾根があって、送電線の下を通過しましたから、地形図の「・1535」地点を通ったようです。その後、少し下ったあとは、上りが続きましたが、いつまでたっても頂上にたどりつきません。そのうち下りになってしまい、小さな上り下りがあってなんとかピークに立ちましたが、そこには御前山の標識も三角点もありません。御前山を通過してしまったのでしょうか？」

　この話を聞きながら図1-1-3aを見比べて、御前山を目指していた登山者の行動を推測します。このとき登山者は、「・1535」地点（A）を通過したのちは、徒歩道の分岐点（B）を見逃して、御前山の南斜面を巻くように進み、「・1607」地点（D）に立ってしまったのです。

　コンパスの動きを不安定にした原因は高圧送電線だと思われますが、このようなときに手助けになるのも送電線（の記号 ）です。どんなに天候が悪くても、鉄塔は動きませんし、山体（山の形）を知って地形図と一致させることに比べれば、送電線やその経路が折れ線になる鉄塔の位置から地形図と一致させるのは容易でしょう。進行方向のどちら側に送電線があるかだけでも、おおよその位置が推定できるはずです。

　この場合は、周囲を見渡して、送電線の行方と鉄塔の位置を確認すれば、「・1607」に位置していることはすぐわかるはずですから、地形図と現地位置の対照ができていた地点（「・1535」）まで戻るのがいいでしょう。

　この山歩きでは、送電線との関係に注意して進んでいれば、その下を通過した時点（C）で誤りに気づいたはずです。地形図で明らかなように、「・1535」地点から御前山を目指すルートは、送電線下を通過しません。

図1-1-3b　B地点で予想される風景

　もう少し地形図が読める人なら、進行方向の左側に高まりを見るようになった時点（BからCにかけて）でも、誤りに気づくでしょう。「・1535」地点から先、ほぼ尾根上を通る予定ルートでは、左手に連続して高まりを見ることはありえないのです。

　さて、その送電線の位置は、地形図のつくり方から考えると、かなり信頼できる情報となっています。現在の地形図は写真測量でつくられているので、平板測量の地形図に比べると、現地調査を少なくして効率をよくしています。しかし送電線鉄塔はその構造上、ごく小規模なものや市街地のものを除けば、空中写真にしっかりと写ります。樹林などに隠れてしまう徒歩道や滝などは、よい現地調査がなければ情報の精度は上がりませんが、送電線と鉄塔の位置は、資料や現地調査がなくても、一定の精度が保たれているわけです。

　このように、山歩きでは送電線がいい情報となります。これも地形図ならではのことです。

　一方、送電線と対照的なのが滝です。

図1-1-3c　上を河川の上流としたときの滝（左）とせき（右）の地図記号

滝とは、「流水が急激に落下する場所であって、高さ5m以上のものを表示する」ことになっています。その場所では等高線の間隔が狭くなるのですが、規模の小さなものではその変化も少なく、空中写真には水流すら写らないでしょう。

　従って、事前情報や現地調査の有無が重要になりますが、残念ながら道なき道を山深くまで調査することはまれですから、地形図に記載のない規模の小さな幻の滝はいくらでもあります。

　また、地形図の決まりには「常時水流のある著名なもの又は好目標になるものを採用する」というただし書きがありますから、東京周辺なら神奈川県の丹沢玄倉川周辺や山梨県の笛吹川西沢渓谷などのように滝が連続して多数あるときなどは、規模が基準を満たしていたとしても、すべての滝が記載されるわけではありません。

　ちなみに、滝と読み間違えやすい地図記号に、砂防えん堤に使用される「せき（堰）」があります。滝は下流側に水しぶきの点々の表示があり、堰は上流からの水が乗り越えられるように上流側に破線の表示があります。通常、いずれの通過にも迂回を必要とし、危険がともないますから、通過には注意が必要です。

## ❹→ 使えそうな徒歩道と使えなさそうな徒歩道

　さて、山歩き、野山歩きでは、地形図に表現された徒歩道がおもに使われます。ところが、山歩きの経験者には地形図に記載があっても使えない徒歩道（図1-1-4a、b）があることが知られています。逆に、地形図にない使える徒歩道（図1-1-4c、d）があることも。

　その理由（つくり手の言い訳？）は以下のようなことです。

　地形図の決まり図式では、「頻繁に利用されるもの、集落間を結ぶもの、主要な地点へ到達するもの」を表示することになって

図1-1-4a　一般の人には注意が必要な徒歩道1（新潟県湯沢町）2万5千分の1地形図「苗場山」

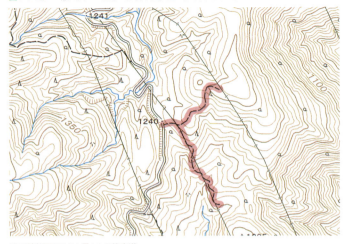

送電線管理のためと思われる徒歩道

図1-1-4b　一般の人には注意が必要な徒歩道2（秋田県湯沢市）2万5千分の1地形図「秋ノ宮」

行き止まりの徒歩道

図1-1-4c　使えそうな徒歩道の例1（新潟県湯沢町）　　2万5千分の1地形図「土樽」

行き止まりでも山頂を目指している徒歩道

図1-1-4d　使えそうな徒歩道の例2（徳島県三好市）　　2万5千分の1地形図「大歩危」

古くからある集落をつなぐ徒歩道

います。そして、写真測量による地形図作成と現地調査の関係は、前に述べたとおりです。

地形図は民間会社への外注でつくられ、検査を経て納入されますが、残念ながらくまなく調査することは期待できませんし、現実問題としてくまなく検査することは困難です。さらに、山間部の地形図の維持管理は十分ではありませんから、多くは最近の道路の改廃に対応していません。到達地点に著名な山や集落がない徒歩道、行き止まりになっている徒歩道、送電線下にある送電線管理のためと思われる徒歩道などは、道路そのものが維持管理されないこともあって注意が必要です。

しかしそうした道でも、経験者による山菜取りなどには、有効に利用できるのも確かです。また中縮尺地形図では取捨選択が行われますから、地形図に表現されていない使える徒歩道も存在します。

徒歩道を使用するときは、これらのことを頭に入れておくことが必要です。

## ❺→ 地形図にあっても利用できない自動車道路

次は、地形図にあっても利用できない自動車道と、地形図にはないけれども利用できそうな道です。地形図にあっても利用できない道は、徒歩道だけのことでしょうか？

図1-1-5aにある等高線に沿ったくねった道路網と、そこに積み木をばらまいたように住宅が建つ地域は別荘地です。「なぜ、そう断定できるのか」というと、この敷地の北に広がる一般的な農村集落内の道路網や建物の集散とは、明らかに異なる独特のパターンがあること、そして散在する住宅が水に恵まれない尾根の近くにまで広がっていて、本来なら居住に適さないところに立

図1-1-5a　別荘地内の道路（長野県軽井沢町）　　　　　2万5千分の1地形図「御代田」

図1-1-5b　砂防工事用の道路（栃木県日光市）　　　　　2万5千分の1地形図「日光北部」

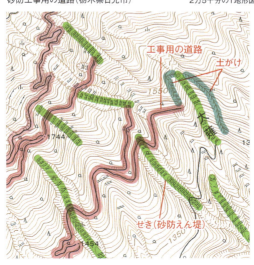

図1-1-5c　自衛隊演習場内の道路(大分県由布市)　　　2万5千分の1地形図「日出生台」

地していることなどからわかるのです。

　それはともかく、このような別荘地では、区域内の道路の入り口にはゲートがあって、居住者以外の一般の人の立ち入りを制限していることがあります。それでも、管理者から許可されれば立ち入ることができるので、地形図上ではふつうの道路として表現されています。

　次の図1-1-5bは、日光男体山の中腹斜面です。小型自動車道路が数本伸びていますが、これを登山などに利用できるでしょうか？　道路の先にあるナメクジのように見えるものは、土がけの記号を連ねた大規模な崩壊地です。崩壊地の内側には、土石の流下を食い止めるせき（砂防えん堤）の記号が数えきれないほど描かれています。ここは、土石流防止工事の現場なのです。

　辺りに集落はありませんから、この道路はその工事用のものと

考えられ、入り口で通行が制限されている可能性があります。万が一出入りできたとしても、路面の状態は期待できませんし、帰途するころにはゲートが閉まる場合もありますから、立ち入らないほうがいいでしょう。

次の図1-1-5cでは、南北に延びる通常の道路から左右へ、数本の道路がつながっています。周囲に目をやると「特定地区界」と呼ばれる破線の記号が地域を二分していて、西北側は陸上自衛隊の「日出生台演習場」です。現地は、縦断する道路の両側に演習場があるというよりは、演習場の中を南北に走る1本の車道だけが通過を許されているような状態です。

地形図では、どの道路も入り口が開いていて、自由に通過できそうですが、ここは完全に一般車両の立ち入り禁止区域です。演習場内の立ち入りを制限された道路は、本来「庭園路」と呼ばれる破線表示の道路で表すべきものです。公園やゴルフ場内などの自動車通行を制限した道路にも使用しますが、同じ庭園路でも、演習場は人も立ち入りできません。

## ❻→ 知ってトクする地形図に道路がなくても歩ける場所

図1-1-6aは、兵庫県たつの市の揖保川とその堤防です。流水方向は左上から右下です。水の流れる方向に向かって左手の岸を左岸と呼びます。その左岸の堤防上には小型自動車道路があり、堤防の河川が流れている(堤外地)方向の斜面はコンクリートなどで被覆された擁壁(黒の半円━●━━●━)になっています。住居などがある(堤内地)方向の斜面は、旧来「ケバ」と呼ばれた「土がけ」の記号(茶色の短線)になっていますから「土堤」です。

一方、右岸の堤防は、堤内外どちらの斜面も土堤(茶色)です。こちらの堤防上に道の記号はありません。しかし土堤の上に徒

歩道があっても、おおむね省略する決まりになっていますから、自動車交通はできませんが爽快に散策やジョギングができるいい道が用意されているかもしれません。

次の図1-1-6bには、重川を挟んで東西に「福田町」と「福橋」の2つの集落があります。「福田町」の集落には細かく道路が表現されていて、建物と道路の関係に矛盾はありません。しかし「福橋」付近にある「樹木に囲まれた居住地」で表された古い集落と飯田川（図外右）に近い工場の大小の建物には、道路に面していないものが多くあって、建物にたどりつくことができないように見えます。

とはいえ人が居住し、活動する建物とその敷地が、いずれの道路にも面しないことはありえませんし、そのような建築は許可

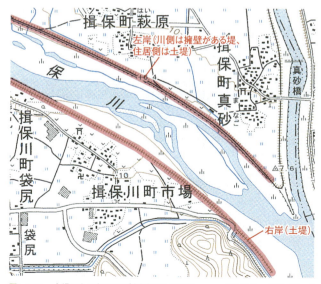

図1-1-6a　土堤の上は歩けるはず（兵庫県たつの市）　　2万5千分の1地形図「網干」

図1-1-6b　編集によって省略された道路（新潟県上越市）　　2万5千分の1地形図「潟町」

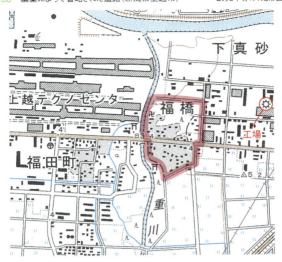

図1-1-6c　地理院地図（電子国土Web）（新潟県上越市）

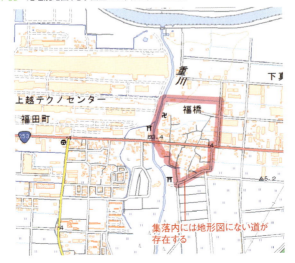

されません。従って工場敷地内はともかく、こうした集落内などには、かならず道路が存在します。

Webで公開されている編集行為の少ない同じ地点の「地理院地図（電子国土Web）」（図1-1-6c）を参照すると明らかなように、実際には「福橋」集落内に数本の道路があります。紙の地形図では、表現上の煩雑さを避けるために、1車線以上の道路でも、省略を含めた編集が行われているからです。

街歩きやウオーキングなどでは、このような集落内には地形図にはない道があると予想しておくと、迷いや間違いが少なくなります。

## ❼→ 小さな高まりに住宅適地を求めて

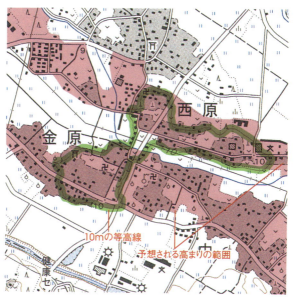

図1-1-7　自然堤防に発達した集落（埼玉県宮代町）　2万5千分の1地形図「久喜」

図1-1-7は、関東平野のほぼ中央(埼玉県宮代町)の田園地帯です。この辺りは、左上から右下に向かって中小河川が何本も列をなしています。過去には、こうした河川が氾濫し、流路を変更したと思われます。

地形図上に網点で表現された「樹木に囲まれた居住地」に注目すると、この河川に沿うようにして、集落が列をなして発達しているようすがよく読み取れるでしょう。これは、古くからの農村集落の範囲であることを示しています。

ここにかぎらず、歴史を感じさせる、あるいは原風景を残した、いい集落を訪ねたいときには、屋敷内に樹木を配置した「樹木に囲まれた住宅地」を手がかりにするといいでしょう。

さて、この「樹木に囲まれた居住地」の中には10mの等高線が描く高まりが存在し、集落の周辺には畑や果樹園が広がっているのも読み取れます。これは、等高線の範囲だけでなく、畑や墓地などを含めた集落域全体が、中小河川に沿って発達した自然堤防の上にあることを意味しています。自然堤防とは、河川が上流から運んできた土砂でできた高まりのことです。先人は、こうした地盤のしっかりした高まりに家屋を建て、水害からこれを守るとともに、水に恵まれた低地の田を耕して豊かな生活をしてきたはずです。

ところが、この地域の学校、工場などの新しい建造物の多くは、その小さな高まりにありません。低地を盛り土するなどの地盤改良をして利用しているのでしょう。いまでは、洪水の危険は少なくなったとしても、土質などの基盤となる土地の性質は河川低地の状態のままです。このようなちょっとした高まりが読み取れるのも、等高線や植生、「樹木に囲まれた居住地」などの表現がある地形図だからできることです。

## 8 → 「日本一低い山」を地球に表現する

「日本一低い山」競争の火つけ役になったのは、1996年当時の地形図にあったもっとも低い山、宮城県仙台市の日和山(標高6m、残念ながら東北地方太平洋沖地震で消失した模様)でした。

その後、各地で名乗りをあげるものがいて、しかも、その基準はそれぞれが勝手に決めていますから、「日本一低い山」は各地にあります。のちに地形図に掲載されて、日本一低い山として登場したのが、大阪湾に注ぐ安治川の浚渫残土でつくられたという大阪府大阪市の天保山(4m)、一等三角点のある山では日本一低い大阪府堺市の蘇鉄山(6.84m)、自然の山として日本一低い山だとい

図1-1-8　大潟富士(秋田県大潟村)　　　　　　2万5千分の1地形図「五城目」
周辺の標高はすべて0m以下で、三角点も−3.8m。大潟富士は0m(標高の記載はない)

う徳島県徳島市の弁天山（6m）などです。ところが、1992年に日本一低い山をつくってしまった人たちがいました。つくられたのは「大潟富士※」です（図1-1-8）。現地の標高はマイナス4mほど、そこへ3.776mの小山を築いたのですから、その標高はなんと0mです。

　大潟富士にかぎらず、現地や地形図で調査、取得した地理情報を記録し、資料として残したい、あるいは情報を他者に知らせたいのは、ごくあたり前です。「日本一低い山」などの地形図上の高さ情報は、日本水準原点をもととした高さとなっていますから、地形図から読み取った値でそのまま比較できます。

　では、平面位置の情報はどうでしょうか？　大阪市の日和山の住所は大阪市港区海岸通1丁目1-10、秋田県の大潟富士の住所は秋田県南秋田郡大潟村大潟ですが、それぞれを地球上の唯一絶対の位置とし、さらに位置関係を計測・比較できるかという意味では満足できません。そのとき地球上の位置として共通となるのが経度と緯度です。日本では、地球中心をよりどころとする世界測地系にもとづく「日本経緯度原点」を基準にします。これで表現することで、世界で唯一固有の地点として万人に伝えられ、計測・比較が可能になります。

　任意地点の高さが地形図から読み取れるように、地形図なら任意地点の経度と緯度も図からわかります。区画された紙の地形図の4隅にはかならず経度と緯度が表記され、区画の外には「分」を示す小さな目盛がついています。詳細は後述しますが、これを使用して任意地点の経度と緯度が取得できるのです。

　地形図は、地表のようすを正確に縮めて表現したもの、地上で得られた位置情報の塊そのもので、地形図上に表現された全情報は地球に位置（再現）できます。GPSなどで取得した位置情報をもとに、移動したルートや構造物を地形図に表現もできます。

※ 大潟富士の位置は、北緯39度59分7.5秒、東経140度0分31.5秒（当初は、北緯40度0分0秒、東経140度00分0秒の位置につくりましたが、2001年に経度と緯度の基準が変わったことで、数値が変更されています）です。

# 1-2 地図読みを始める前に

## ❶→ 地形図の必要条件とは?

　前節では実例を挙げながら、地形図からどのようなものが読み取れるかを紹介してきました。もし「ちょっと難しいな……」と思った方は、以後の「地図を読む」ための基本的な知識をふまえたうえで、振り返ってみるといいでしょう。

　地図を読むために使用される地形図が、どのようにつくられるかについては、拙著『地図の科学』(サイエンス・アイ新書)でも紹介しました。その地形図の必要条件を整理してみましょう。
「地図の中の地図」ともいえる地形図とは「基準点などにもとづき、三次元である地表の風景を平面に正確に縮小表現したもの」です。しかも、山や川、そして植生といった自然はもちろん、道路や鉄道、そして建物といった人工物も平面に表現され、実際の地上にはない地名や行政界なども用意されています。その官製の地形図は、明治・大正期に作成を開始して以降、現在まで営々と維持管理が行われています。

　従って、地形図からは「1940年の」「1941年の」といった短い期間での地域変化は無理としても、明治、大正、昭和前期、そして昭和後期といったスパンなら、日本各地のそのときどきの姿を正確に知ることができます。もちろん、いま現在の姿も確認できます。

　その内容は、市街地や交通網の進展と、植生の変化、海岸浸食や河川流路の移り変わり、そして地名の変遷といったように、地表で起きていることを網羅して利用者の多様な目的に応えて

くれます。もちろん、地形図を読み再現する知識があれば、居ながらにして、各地のそのときどきの立体的な風景を知ることができるのです。もちろん時代が変わっても、地形図はそうあるべきものなのです。

それはともかく、地表のようすを見て3D表現することは、ある種の人にとってごくふつうにできる技なのです。科学技術にも通じた芸術家であったレオナルド・ダ・ヴィンチだけでなく、江戸期以降の日本の鳥瞰図師といわれる人々も、目の前に広がる風景や地図をもとに、精巧な鳥瞰図を描いています。そのとき彼らの視点が、空中にあったわけではありません。地上の風景から、あるいは地図から、視点を空中に置く鳥瞰図を描いたのです。使用した地図もごくふつうのものです。

それほどの達人ではなくても地形図が、そして等高線が読めさえすれば、平面の地形図から現地の風景を想像することができ、これを「頭脳の地図」とすることができます。実際、地形図の読める人は、知らず知らずのうちにこの立体地図を思い描き、それにある種の操作を加えて、街歩きを楽しんでいるのです。

## ❷→ 地形図とは現地の風景がわかるもの

地形図が「地表の風景を平面に正確に縮小表現したもの」であるからこそ注意しなければならないことを、地形図を読むという観点から考えてみます。

### ❶あくまでも地上の風景を縮めたものなので縮尺化した目で読む

地形図には、原則として小さなもの、移動可能なものは省略され、さらに選りすぐられた現地の風景が凝縮されています。また、地形図を紙ベースにすることで、情報がある一時期に固定化され

図1-2-2a、1-2-2b　いずれも京成西船橋駅付近（千葉県船橋市）

2万5千分の1地形図「船橋」と同じ縮尺で表示した地理院地図（電子国土Web）

2万5千分の1地形図「船橋」

たまま一定期間利用しますから、規模が大きくても簡易な(土台のない)バンガローやビニールハウス、博覧会場の施設などは表現しません。

道路の曲がりは、実際に現地で見えるほどは、地形図上では曲がりません。縮小していることを考慮すれば、当然のことです。

現地では明らかな道路交差点の小さな食い違いも、表現しきれない場合があります。

道路の幅員は、一車線、二車線などと段階区分で表現します。実際の連続的な幅員の変化には対応しませんし、段階区分にしても、煩雑にならないようにするため、あまりにも細かな変化には対応させませんから、利用者の感覚とぴったり一致するとはかぎらないのです。

大縮尺図をほぼ単純縮小しただけの「地理院地図(電子国土Web)」(図1-2-2a)と、編集された従来の紙の地形図(図1-2-2b)を比べてみると以下のようなことがわかります。前者には、(a)編集された紙の地形図では表現しきれない道路の曲がりや、(b)表現されない道路幅員の変化があり、後者には、(c)鉄道や道路などが転位(移動)し、(d)建物や道路が編集され省略されます。

## ❷取捨選択や転位があるものと心して読む

前記のように道路や鉄道は、周辺の地物(自然や人工物からなる風景)との関係で移動(転位)することもあります。そのうえ、おおむね誇張して表現されますから、道路や鉄道周辺にある建物などの地物は場合によっては省略され、あるいは転位します。

ただし、海岸線や河川の水涯線を広げたのでは、日本全体の土地が広がってしまい、河川を広げると周辺の土地が削られたようになりますから、水涯線(水際線)は決して転位しません。海

岸線や河川の水涯線を外枠にして、そのほかの地物が埋め込まれているともいえます。

ただし、情報の書き替えが容易で、しかも拡大縮小が自由にできるWebの地図なら、維持管理さえしっかりすれば仮設物の表示も可能ですし、取捨選択や転位の少ない地図も実現できます。しかし図1-2-2a、同bの西船橋駅周辺の例に見られるように、表示縮尺によっては読み取りがやや困難になります。

❸ 真上から見た地形図を、横から見て使うことを意識する

地形図は、どこまでも上から見た形で表現されています（正射投影）。ですから、広がりのある工場や倉庫は大きく表現されて、地形図上では目立ちます（図1-2-2c）。一方、ペンシル型の高い建物も、一定の広さがあれば（短辺25m以上）、中高層建築物として表現されますが、現地では特徴的でも、地形図上では目立ちません（図1-2-2e）。

図1-2-2c　森ケ先水再生センター（東京都大田区）
2万5千分の1地形図「川崎」

図1-2-2d　森ケ先水再生センター（現地写真）
低い建物でも広がりがあると地形図上では目立ちますが、現地でも同じように目立つとはかぎりません。ここは下水処理施設で人が居住していませんから、本当は破線の建物類似構造物で表すべきものです

図1-2-2e　新宿NTTドコモビル(東京都新宿区)
2万5千分の1地形図「東京西部」

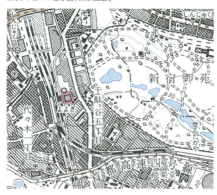

図1-2-2f
NTTドコモビル(現地写真)

現地では目立つペンシル型の高い建物も、地形図上ではそれほど目立ちません

　また、道路から少しでも裏に入った建物は、現地だと見えませんが、地形図の上ではいかにも道路際に大きな建物があるように見えることもあります。それに対し、建物記号が付記された郵便局や交番は地形図上では明らかでも、現地では規模が小さくて見過ごしやすいものです。

### ❹決まりに沿ってつくられるものだから堅苦しいもの

　地形図では、公共の建物なら小規模でも地図記号や文字の表記がありますが、民間の施設は規模が大きくてもおおむね文字の表記はありません。もちろん、コンビニエンスストアやガソリンスタンドの地図記号もありません。また、病院の記号は公的な病院にだけ使い、個人病院には使わないという規則も……。

　この点では、地形図はずっと昔から官尊民卑です。

　そして、郵便局や学校といった建物を説明する記号、「建物記号」は建物のそばに置いて表します。ですから、記号のある場所に郵便局や学校があるのではなく、あくまでも記号がつけられた

建物の場所が郵便局や学校の正しい位置なのです。

　また田や畑といった植生は、図上3mm×3mm以下の広がりのものは表現しないなどの、細かな規則も用意されています。地形図を読むときには、このような点にも注意が必要です。

　なお民間地図も、それぞれの決まりに沿ってつくられているので、コンビニエンスストアの記号はあっても税務署の記号はないかもしれません。

### ❸→ なぜ地形図なのか

　民間地図との比較で、官製地形図の特徴をひと言でいうと、「縮尺・精度・表現の統一性のある全国整備された地形図が、明治から現在まで維持管理されている」となります。

　高さの情報をもった一部の山岳ガイドマップなども内容的にはこれに適合しますが、全国整備されていないという点で条件を満たせません。民間地図の多くには、高さ（等高線など）、植生、そして送電線などの情報がないことはすでに紹介しました。さらに細かな相違点について、民間地図、よりその差が顕著になるよう「Googleマップ」（https://maps.google.co.jp/）を例に比較してみます。地形図（図1-2-3a、同c）とほぼ同縮尺にしたGoogleマップ（図1-2-3b、同d）を比べてみると、情報内容のことは別にして、誰の目にも以下のようなことがわかるでしょう。

**官製地形図にあって民間地図（Googleマップ）にないもの**
・規模の小さな官公署の記号
・鉄道の複線・単線区分
・小規模な個々の建物と集落
・等高線、基準点、標高

地形図からなにが読み取れるのか？ 第1章

図1-2-3a（上）、1-2-3b（下）　都市の地図（東京都中野区）

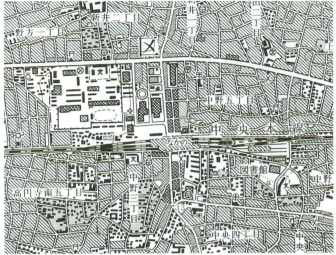

2万5千分の1地形図「東京西部」

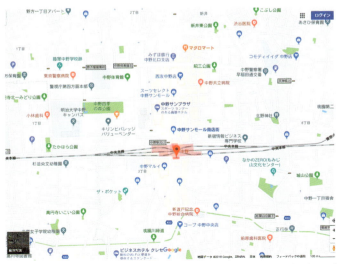

Google マップ

図1-2-3c、1-2-3d　地方の地図(秋田県横手市)

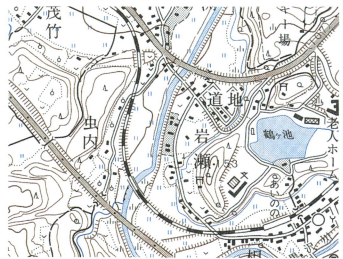

2万5千分の1地形図「横手」

Google マップ

・植生界と植生
・擁壁や土がけ、岩がけ
・小規模な道路
・橋や送電線など

**民間地図にあって官製地形図にないもの**
・大型民間施設の名称
・コンビニ、ファーストフード店の記号
・交差点名称、公園名称、都・道・府・県道番号

　これまでの事例と、ここで挙げた違いから明らかなように、Googleマップにかぎらず民間の紙地図は、道路・登山・観光・ドライブといった、それぞれの使用目的に合った必要最小限の情報からなり、そこへ目的地までの距離、登山に要する時間、観光スポットといった、これも使用目的に沿った「おせっかい情報」が追加されています。

　一方の官製地形図は、特定の利用者のためではない、なんにでも、そして誰でも使える地図を目指しているのです。一般の人だけでなく、土地開発をする人、ガイドマップをつくる人、測量する人のような技術者、教育者、研究者といった広範な人の利用を想定しています。

　いや、利用者の範囲は考えていないのかもしれません。

　それにもかかわらず、距離を知る、面積を知る、高さを知る、体積を知る、地形を知る、景観を知る、地形・地質を推し量る、自然を推し量る、ナビゲーションする、土地利用や土地開発の歴史を知る、人の営みの変遷を知る、といった多様な要求に答えるものとなっています。

ということは、地形図は①縮尺や精度、表現の統一性などが確保され、②地球上の高さ・水平位置と対比できる位置情報をもち、③全国整備され、しかも明治から現在まで維持管理されていることで、そのときどきの姿を正確に知ることができるものになっているのです。
　こうした条件をすべて満たしているものが地形図なのです。
　民間地図が、これらを達成できないことを、ここで逐一説明はしませんが、高さを知り、体積を知るだけでも、等高線などによる高さの情報が必要でしょう。地形を知るにも高さの情報は必須です。景観を知るには植生や岩や崖の情報も必要です。ナビゲーションするには、任意地点の地球上の位置情報（経度緯度）や、コンパスが真北からずれる量（磁針偏差）が必要になりますが、これらの情報をすべて完備した民間地図は、ほとんど見かけません。しかも、これらを満足したうえで全国整備したものはありません。そもそもすべての民間地図は、官製地形図を土台にして作成しているのですから。

第 2 章

# 地形図から多彩な情報を読み取る技術

この章では地形図をさらに細かく読図して、より多彩な情報を手に入れる方法を解説します。地形図の2次元情報をフル活用できれば、3次元空間を頭の中で構築できるようになります。新旧の地形図をくらべて地物や地形の変化を知る方法や、地形図をもって歩くときのキホンも解説します。

# 2-1 地形図を広げて「秋谷」を歩いてみる

　街歩き・野歩きに使用する地形図の地図記号などを知るために、神奈川県横須賀市と逗子市の界にある「秋谷」集落の北を訪ねてみます（図2-1b）。

　といっても、突然ここを訪ねるのではなく、地形図を入手し、これを広げて机上散歩をして、「これはなに？　これはどうして？」などと地形図の内容と地図記号などについての疑問点を書き込んでから現地にでかけて、実際の風景と対比してみると理解が深まるでしょう。

❶ 海岸付近の砂浜にある、線に半円形がついた記号は、片側にだけ傾斜のある「擁壁」です。そして海に突きでた黒の太い線は、コンクリート製などの「防波堤」ですから、両面に傾斜があります。大きな幅をもつものになれば両側に擁壁の記号を描くこともあります。そして丸点が並んだだけの記号は「テトラポット」を積み上げた防波堤です。

図2-1a　さまざまな記号①

　　●●●●●●　　━━━━━

防波堤(大)　　　防波堤(小)　　　水制(テトラポット)　　　擁壁(大)　　　擁壁(小)

❷ ここにある大きな黒いものは、建物です。その内容には2通りあります。1つは、地形図にばらまかれたようにある小さな建物

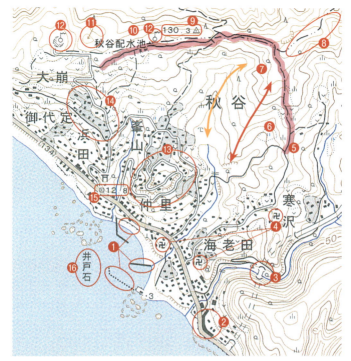

**図2-1b　書き込みをした「秋谷」の地形図（神奈川県横須賀市・逗子市）**
2万5千分の1地形図「秋谷」「鎌倉」

❶ それぞれなにか
❷ これはなにか、なにを表しているか
❸ どのような形状か
❹ お寺の建物はどれか
❺ 展望が開けるのはどこか
❻ 水田はまだあるか
❼ 谷や尾根はどこか
❽ 市町村界を示すものはあるか
❾ 三角点を探してみる
❿ 池はどこにあるのか
⓫ 凹地はあるか
⓬ これはなにか、集落の中に道はないだろうか
⓭ このクネクネした道はなにか
⓮ 黒の網点はなにか
⓯ 水準点を探してみる
⓰ 「井戸石」とはなにか

の場合と、同じように幅の狭い独立した1個の大きな建物の場合です。もう1つは、現地では小さな建物がたくさんあっても、そのまま書ききれないので、集合体として表現した場合です。こ

うした表現を「総描（そうびょう）」といいます。

それぞれ、独立建物（小）、総描建物（小）と呼びます。さて、現地はどちらでしょうか？　漁港近くの狭い平地に発達した集落、後者であることが予想されます。

ちなみに、独立建物（大）と総描建物（大）は、一定程度広がりのあるもので、全体枠線の中を斜線で表現します。

図2-1c　さまざまな記号②

独立建物（小）　　　独立建物（大）　　　総描建物（小）　　　総描建物（大）

❸現地では立体交差が見えるはずです。もっとも下には川が流れ、その上を二車線の道が横切るのですが、その道の左右には坑口がありますから、二車線の道はトンネルを抜けると同時に橋で川を渡り、すぐにまたトンネルに入るはずです。この道路の坑口より高いところを3m未満の軽車道が通過していますから、ここから見おろすと谷間の全風景が見えるはずです。

❹地形図にお寺の記号が3カ所ありますが、それぞれの建物はどれを指しているのでしょうか？　記号のごく近くにあって、中心線の延長線上にあるものが当該建物です。事前に「これだろう」と予想してから現地で確かめてみます。こうした学習の繰り返しによって、地形図と現地を対比する力が向上するはずです。

その建物記号は、その建物の近くに、それぞれの建物の向きにかかわらず、常に図郭（ずかく）（地図の輪郭）下辺に対し直立するように表示します。その、建物記号を表示する位置は、建物の中央が

第一優先ですが、建物が小さくてその中央に表示できない場合は、建物の上方①や下方②に表示します。もし、建物の上方などにほかの重要なものがあって、その位置に記号を表示することが不適当な場合には、建物の右③や左④に表示するのが決まりです。

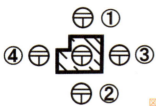

図2-1d　建物と記号の位置関係の例（郵便局）

ただし、最新の「平成25年2万5千分の1地形図図式」では、おおむね建物中心に表示します。

❺この辺りの山に登ると、相模湾が一望できるはずです。しかし、どこからでも見えるとはかぎりません。視界が開けるためには、海岸方向を遮る山がないことはもちろん、谷の中を進む道ではたとえ海が見えても、その範囲はかぎられます。となると、目標方向に遮るものがない尾根をたどる道で、森林などに覆われていないことが条件になります。

地形的に遮るものがあるか、ないかを知るには、断面図を描いてみるのがいいでしょう（2-3-❹「等高線から傾斜を知り、断面図をつくる」参照）。しかし、展望を確かめるたび、展望する方向ごとに断面図を描くのでは効率が悪すぎます。そこで等高線から立体が想像できるような「地図力」が必要になります。

事前には、「ピンクのマーカーを引いたどこかで相模湾への展望が開けるのではないか」と予想しました。実際は、上り斜面や

2万5千分の1地形図「秋谷」

図2-1e　秋谷配水地付近から寒沢集落の対岸の尾根を望みます。谷は、尾根はどこでしょうか？　地形図と現地を対比してみましょう

東西に延びる尾根道の前半は、周囲の樹林に視界を遮られて視界は開けません。南斜面が畑や荒地になっている秋谷配水池の辺りで、いい展望が得られます（図2-1e）。

図2-1f さまざまな記号③

針葉樹林　広葉樹林　竹林　笹地　ヤシ科樹林　荒地

❻ 地形図はそのときどきのようすを表現したものです。従って、つくられた瞬間に古い地形図になってしまうものです。ここにある地形図は「平成18年更新」のものですが、それは主要な内容だけの更新であって、植生などは「平成10年修正」を反映していると思われます。道端の田は、畑はいまもあるでしょうか？　現地で確認してみます。

図2-1g さまざまな記号④

畑　　果樹園　　茶畑　　樹木畑　　桑畑

❼ 谷（橙色）は、尾根（赤色）はどこでしょうか？　「高いほうから見て指を広げてできるＶ字形と等高線の形とが一致するところが谷」です。地形図から現地の風景を予想し、対比してみます。

❽ ここにあるのは郡市界を示す記号です。主要な国道などには、それを示す案内看板なども設置されていますが、こうした山の中ではどうでしょうか？　境界を示す杭などの設置はあるでしょうか？　案外、地形図上だけのことでなにもないことが多いものです。

この辺りの境界は、道路からやや北へ離れた尾根を通過しています。また、実際の境界位置が道路の中心線上にある場合でも、地形図上の道路幅が狭ければ、その左右のいずれかに描きます。

❾地形図をつくるもとになっている三角点を探してみます。三角点は東西に延びる道路のやや北の尾根にあります。測量標石の多くは、遠く香川県・小豆島から運んできたものです。標石の刻まれた文字から等級がわかり、「三角点」の文字が南方向になるように埋めるのが決まりです。標石を探しあてることができたら確認してみます。

図2-1h　三角点「秋谷」

❿「秋谷配水池」は文字の頭、末尾のどちらにあるのでしょうか？　「池」はあるのでしょうか？　注記文字は主要な地物を隠さないように、そして見やすいように上下左右のどこかに配置表現します。この場合の配水池は、「池」ではなくて、タンクといったもので、文字の末尾に小さな「建物類似の構築物」として表現されています。

図2-1i　建物類似の構築物(左)、樹木に囲まれた居住地(右)

❶凹地は、文字どおり地表の凹んだところを表現します。火山の火口やカルスト台地、砂丘、山稜の片方が谷側へずり落ちてできる二重山稜などで見られます。さて、どうしてここに凹地があるのかと疑問をもって、現地でのぞいてみましょう。

近くに「大崩」という地名もあり、現地には「地すべり防止区域」の看板もありますから、等高線のようすからも、こうした地形との関連が予想されます。実際は樹林が深く、凹地の存在は一般の人にはわかりにくく近づけません。

図2-1j　凹地(大)、凹地(小)

❷山頂には2カ所に電波塔があります。1つは秋谷配水池のとなり、そして一車線道を上り詰めた西の峰です。後者は、「建物類似の構築物」の上に立っていますから、「それはなにか」を含めて現地で確かめてみます。実際、前者は電話会社の携帯電話用のアンテナ、後者は航空局の航空保安施設です。

ちなみに、風に関連する地図記号である噴火口の煙、自衛隊の旗、温泉の湯気などは、すべて「(地図には)西風が吹いている」かのように表現されます。さて、電波(塔)も風の影響を受けるのでしょうか？

図2-1k　さまざまな記号⑤

噴火口　　自衛隊　　温泉　　電波塔　　煙突

それは、見た目の美しさから統一を図ったもので、電波も右へ流れています。さらに地形図には光がどのように表現されているのかも考えてみます。針葉樹林や広葉樹林の影はどちらについていますか？　地形図の中の光源は、西ないしは西北にあります。

❸古くからの道路とは異なるパターンのクネクネとした道路は、別荘地などの新しい住宅地道路の特徴です。そうした予断をもって現地で確認してみます。

❹前にも紹介しましたが、新しい住宅地と対比される黒の網点（ウオッちずの2万5千分の1地図情報閲覧サービスなら緑に塗られている）の住宅地は、「樹木に囲まれた居住地」です。一般には、古くからの集落に使用されます。軍用目的の地形図の時代には、見通しが利かない地域として区別されてきました。現在は、楽しい道歩きができる地域と重なることが多いでしょう。なお、こうした集落には網の目のように小路がありますが、これらは省略されることが多いものです。

❺神社の南で地形図をつくる際の高さの基準点となる「水準点」も探してみます。三浦半島から東京までの間は、毎年のように水準測量をしていますから、標識もあって見つけやすいはずです。
❻海の中にある岩につけられた「井戸石」はどのようないわれがあるのでしょう？　海のことなら、地元の漁師さんに聞いてみるのがいいでしょう。

　このように、身近なみなさんの近郊都市で、ある程度の物と形（地物・地形）が含まれた地域を選定し、机上散歩を試み、それを

手にして現地を訪ねると知識が深まるはずです。これを繰り返すこと、新たな疑問を見つけることで、次第に地形図の知識をみずからのものにするといいでしょう。

　地形図に関する基本的な知識を獲得するといっても、そう堅苦しく考える必要はありません。「ああ、そうだったのか」「ふーん、そのような意味があったのか」などと感じることがあれば目的は達成です。このようにして地形図の楽しさが少しわかればいいのです。地図記号のキホンをしっかり固めておきたい人は、疑問を感じたときに地形図の決まりである、「図式」で地図記号などを振り返るといいでしょう。

写真　水準点は旧1級国道にそって、約2km間隔に設置されています。中央にある標石の小さな高まりが、正確な高さを示しています。周辺にある4つのふぞろいの石は、中央にある標石を保護するためのものです

## 2-2 縮尺を知って距離や面積を知る

　さて、少しわずらわしいので、これ以降は特に区別する必要がないかぎり「地形図」のことをたんに「地図」と呼ぶことにします。地表の姿を忠実に再現した地図上では、地上でできることが、すべてできるといっても過言ではありません。地上で行う測量（計測）を地図上で行うこともできます。

### ❶→ 縮尺を知って、距離を測る

　地図から距離を知ります。
　表にあるように、縮尺2万5千分の1地図上の1cmは、現地の250mです。そのほかの縮尺の地図も含めて、図上の長さと実際の距離との関係をすぐには実感できないとしても、知っておかなければ先に進みません。

#### 表　地図縮尺と実際の距離

| 縮尺 | 地図上の1cmの実際の距離 | 地図上での100mの長さ |
| --- | --- | --- |
| 1万分の1 | 100m | 1cm |
| 2万5千分の1 | 250m | 0.4cm |
| 5万分の1 | 500m | 0.2cm |

　多くの地図利用者は、地図縮尺のことを頭では理解していても体感しにくいものです。たとえば、表にあるように「縮尺2万5千分の1地図上の1cmは250m」だとわかっていても、「このくらい歩いたから、その距離はおおよそ400mで、いま地図上のここまで移動したはずだ」といったことは、誰もがすぐにわかるわけでは

ありません。

　山歩きでも、街歩きでも、現地でおおよその距離を知る手段が必要になります。ではどうやって距離を知るのでしょうか？　実際の距離を知るには、「歩いた歩数」「平地を歩いた時間」「おおむね定間隔に設置された電柱の数」などの間接的なものさしが役立ちます。地図上の長さについては、小さなものさしのついたコンパスを持参するか、あるいは「指2本の幅で約3cmあるから2万5千分の1地図上なら750m」「手の平を広げた幅は約20cmだから2万5千分の1地図上なら5km」といったことがわかると、これも少し便利です。

　これらを相互に利用すれば、「駅からここまでは図上で約3cmだから750m、これを5分ほどで歩いた」などがわかり、地図を広げての歩きに役立ちます。このように、現地で気軽に利用できるものさしを利用し、いつでも活用できる工夫や習慣が役立つのです。

　なお、たとえ熱心な地図の利用者であっても、実際の距離を知るために、巻尺を現地に持参するような非効率なことはしません。

図2-2-1
キルビメーターで距離を測ります

一方、机上などに広げられた紙地図から正確に距離を測るには、ものさしが必要になります。しかし曲線を描く鉄道や道路の延長は、直線のものさしでは測りにくいでしょう。折れ線で近似させるためにデバイダーを使用して、あるいはひもをあてて測りますが、これではじょうずに、そして正確に測るのは困難です。

　一般には、キルビメータという器具を使用して測定します。伊能忠敬の量程車と同じです。キルビメータの下部についた小さな回転車で地図上をなぞることで、回転した距離を上部の目盛盤に表示する仕組みです。

　それぞれから得られた長さを、換算（地図縮尺の分母をかける）すれば、実際の距離になります。キルビメータには、縮尺を設定することで、実際の距離を直接読み取れるものもあります。

　ただし、平面の地図から求められた距離は、いずれも正射影された距離（水平距離）ですから、山歩きなどで斜距離を知りたいときは、各地点間の傾斜角や比高差を調べてから計算する必要があります。

　実際の距離（L）と、その間の比高差（h）から、ピタゴラスの定理を使用して斜距離（$L_0$）を、$L_0 = \sqrt{L^2 + h^2}$として求めます。もちろん、身近にインターネットに接続したコンピュータがあり、そこで地図閲覧システムなどを閲覧できれば、マウス操作だけで、位置（経緯度）・距離・面積を知る手だてが用意されています。

## ❷→ 縮尺を知って、面積を求める

　さて距離がわかれば、面積が求められますが、やはり任意の閉図形の面積を測定するプラニメータという器械があります。プラニメータは、固定点を軸にアームの先についた回転する測定部で図形をなぞることで、測定部の車が回転して、回転量から面積

を知る仕組みです。

　器械を使わない方法では、**任意の形と広がりをもつ区域を、測定方法に応じた分解しやすい多角形に近似してから測定・計算**します。測定方法には、図のように三角形を用いる方法（三斜法、図2-2-2a）、四辺形を用いる方法（方眼法、図2-2-2b）、長方形を用いる方法（長方形法、図2-2-2c）があります。

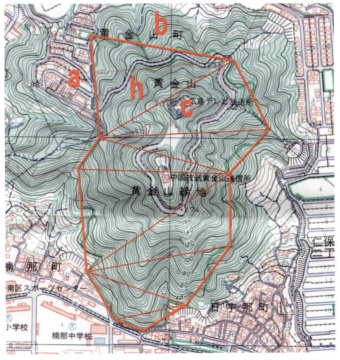

図2-2-2a　三斜法で面積を求めます。任意の閉図形を近似させた多角形を構成する三角形の面積（S）を、底辺（a）×高さ（h）÷2で求めます。それぞれの三角形の面積の合計によって多角形の面積とします。また各辺の長さa、b、cからなる三角形の面積（S）を、次式で求める方法もあります。
$S = \sqrt{s(s-a)(s-b)(s-c)}$、ただし、$s = \dfrac{a+b+c}{2}$

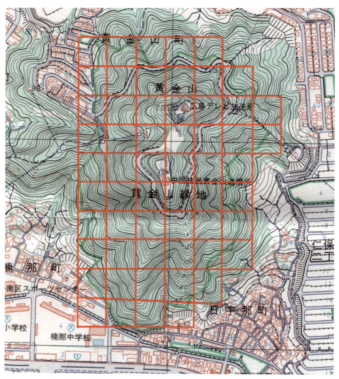

図2-2-2b　方眼法で面積を求めます。任意の閉図形に含まれる方眼の面積(s)とその数(n)から面積(S)を求める方法は、拙著『地図の科学』(83ページ)で紹介しました(S＝s×n)

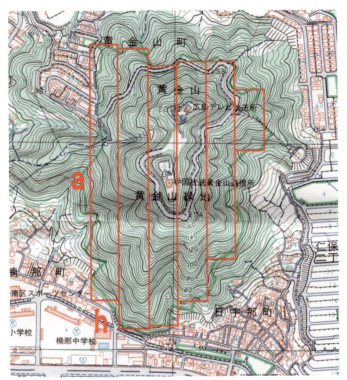

図2-2-2c　長方形法で面積を求めます。もちろん任意の閉図形を一定の高さの長方形・台形で区切って測定することもできます。両端では、その長さや高さを調整するなどして長方形・台形の面積として求め、総和から面積を求めます。いずれの場合も、方眼や長方形の幅をごく小さくして測定すれば精度が向上します。求められた面積に地図縮尺の分母の2乗をかけると、実際の面積になります。面積がわかれば体積もわかるはずですが、それは等高線について学んでからにしましょう

# 2-3 等高線を知って高さを知る

　次は、等高線を知って、高さを知ります。

　野山歩きやウオーキングの際に地図を地上の風景に一致させて正しく置く（整置）ためには、「向こうに見えるあの山は、なんという山だろう？　地図にあるどの山になるのだろう？」といった、山体の特定が必要になることもあります。そのためには、平面の地図から立体になった地表の風景を想像できなければなりません。

　そのとき使う地図は、確かに地球の姿形を正確に表現したものです。球体に存在する自然や人工物からなる風景（地物）を地図記号などによって、平面にして見せているばかりでなく、球体の上に刻まれた地球の凹凸（地形）をも、等高線というツールによって、くまなく表現しているはずです。

　しかし、地図が地図記号と等高線などを駆使して、読み手に地物と地形について話し、訴えかけようとしていたとしても、読み手に相応の知識がなければ理解してもらえません。特に等高線が読み取れない人には、あのゲジゲジとしたものは「雑音」にしかならないでしょう。

　ですが、ひとたび等高線が読める人になれば、野山歩き場面で地図を整置する作業への利用どころか、居ながらにして旅の車窓から見える山々の連なりを、そして展望台から見る朝日を受ける段丘上に広がる集落を、広葉樹の森が続く丘陵をたどる小道を地図から想像し、読み取ることができるでしょう。もちろん、野山歩きやウオーキングの途中でも、風景と地図を一体として使うことができます。

このように、地図の利用を道案内や街歩きから一歩進めて、自然環境の変遷、人の営みと開発の進展、そして地形、土壌、地質を推し量るなどへと進めるには、特に等高線が語りかける地図の言葉を理解し、聞かなくてはなりません。

本書のテーマである「地図を読む技術」にとって、等高線を理解することは必須のテーマなのです。

## ❶→ 等高線というもの

等高線とは、文字どおり「高さの等しい地点を結んだ線」でした。この等高線、1本ではほとんど意味をもちませんが、複数の等高線が表現されることで、地形の凹凸が明らかになります。

土地の傾斜が一様なら、等高線の間隔も同じになり、傾斜に変化があれば、等高線の間隔にも変化が見られます。すなわち、傾斜が急なら等高線の間隔は狭く、傾斜が緩やかなら間隔は広くなります。そして、日本列島やユーラシア大陸といった、周囲が海に囲まれた陸地の範囲では、大きな等高線の輪はかならず閉じます。際限なく地図をつなげていけばわかることです。

下の図のようなモデルを考えてみましょう。

円錐形の等高線は間隔が一定な同心円になり、半球形の等高線は中央に向かうほど、次第に間隔が広がる同心円状になります。すなわち、円錐形は傾斜が一様であり、半球形は頂に向かうに従い傾斜が緩やかになることを示しています。

図2-3-1a　円錐形の等高線　　　図2-3-1b　半球形の等高線

高さが等しい地点を結んだ線は、標高1mの等高線、標高2mの等高線といったように無数に考えられるはずです。しかし、地図に表現される等高線は、地図縮尺に応じた等高線間隔といったものが決められています。「10mごと」や「20mごと」といったようにです。

　等高線の間隔は、地図縮尺に応じた見やすさという観点もありますが、精度や表現できる限度なども加味されて決められています。たとえば傾斜が45度の急傾斜地があったとして（1つの角が45度の直角三角形を考えます）、そのときの比高差が50mだったなら、水平距離も50mになり、これを2万5千分の1に縮小したら幅2mmの間に必要な等高線を描くことになります。すなわち、等高線線間隔を10mごとにすると、0.4mm間隔で5本の等高線を、等高線間隔を5mとすると、0.2mm間隔で10本の等高線を描かなければなりません。

❶　$2\text{mm} \div \dfrac{50\text{m}}{10\text{m}} = 0.4\text{mm}$

❷　$2\text{mm} \div \dfrac{50\text{m}}{5\text{m}} = 0.2\text{mm}$

　実際には、このほかに等高線として描く線の太さも考慮しなければなりませんから、表現できる限度を考慮して2万5千分の1地図の等高線（主曲線）の間隔は10mとしています。その等高線の精度は、主曲線間隔の2分の1、標高点の精度は主曲線間隔の3分の1です。

　地図に表現される等高線の種類には、2万5千分の1地図なら、この10mごとの主曲線のほか、等高線を読みやすくするため5本

## 表 地図縮尺と等高線間隔など

| 縮尺 | 主曲線<br>（補助曲線）の間隔 | 等高線の精度<br>（主曲線間隔の2分の1） | 標高点の精度<br>（主曲線間隔の3分の1） |
|---|---|---|---|
| 1万分の1 | 2m（1m） | $\frac{2m}{2}=1m$ | $\frac{2m}{3}≒0.7m$ |
| 2万5千分の1 | 10m（5m） | $\frac{10m}{2}=5m$ | $\frac{10m}{3}≒3.3m$ |
| 5万分の1 | 20m（10m） | $\frac{20m}{2}=10m$ | $\frac{20m}{3}≒6.7m$ |

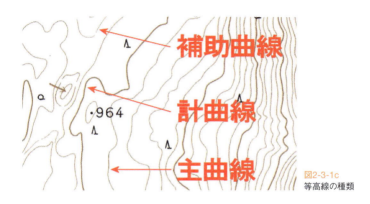

図2-3-1c 等高線の種類

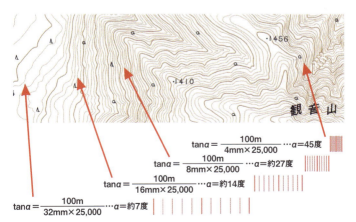

図2-3-1d 等高線の密度と地形の傾斜（福島県下郷町）　　2万5千分の1地形図「甲子山」

図2-3-1e 補助曲線の使用例1。九十九里浜(千葉県旭市) 2万5千分の1地形図「旭」

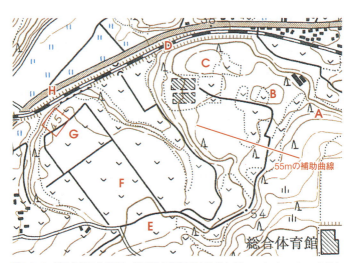

図2-3-1f 補助曲線の使用例2。開聞岳山麓(鹿児島県指宿市)。AからDとEからHの台地上の補助曲線を取り除いてしまうと、両台地はほぼ同じような形をしていますが、補助曲線があることで、前者ではB地点やC地点に小さな高まりがあり、その間には左右からの侵食もあって、後者の台地とは異なることが明らかになります
2万5千分の1地形図「開聞岳」

ごとに線を太くした計曲線、主曲線だけでは表現しにくい緩やかな傾斜をもつ地形を表現するときに補助的に使用する破線表示の5m、あるいは2.5mごとの補助曲線があります(図2-3-1c)。

補助曲線の使用例を見ましょう(図2-3-1e)。九十九里浜の図例では、10mごとの主曲線を補う、5mの補助曲線が使われています(赤色で上塗り)。

これによって、海岸線とほぼ並行に広がるわずかな高まり(かつての砂洲)や、その背後に広がる凹地(かつてのラグーン:潟湖)といった微地形が表現されています。もしも、補助曲線を使用しなければ、標高10m以下であるこの地域には、等高線がまったく登場しません。となると、地図の読み手に、高まりと低地が並行する特徴的な地形を想像させることが、やや難しくなります(実際には、高まりに発達する集落と低地に広がる田の分布を、色区分などで抽出することでも、微地形が明らかになります)。

また、開聞岳山麓の図例(図2-3-1f)では、45m(左)と55m(右)の補助曲線の使用により、左右2つの小さな台地の微妙な違いが明らかになっています。左の台地はほぼ平面的ですが、右の台地には谷の切れ込みや小さな高まりが見られます。

そして、火山の火口(大室山。図2-3-3b)や砂丘(鳥取砂丘。図4-4-1a)に見られるような、傾斜が逆転する、すり鉢状になったところには、凹地を示す等高線(図2-3-1i)が使用されます。

その場合、小さな凹地では低部に向けて矢印が表示され、大きな凹地では低部へ向けて等高線に短い線が定間隔で引かれます。

大室山の図例では、540mほどのすり鉢の頂から、深さ30mほどの凹地があることを示しています。

そして、新潟市の南にある鳥屋野潟付近(図2-3-1g)のように海面より低い地盤が広がる地域、いわゆるゼロメートル地帯では、

標高0mの等高線（計曲線）が表現されます。海岸に隣接したゼロメートル地帯は、地形としては海面に向かって下がる一様な傾斜が続いています（図2-3-1h）。ダム湖周辺での等高線表現も同じで、一方または全体を人工構造物によって遮られただけですから凹地ではありません。

図2-3-1g　ゼロメートル地帯（新潟県新潟市）　　　　2万5千分の1地形図「新潟南部」

図2-3-1h　海や河川に接していれば凹地にならないゼロメートル地帯（右）

図2-3-1i　凹地（大）と凹地（小）

　鳥屋野潟は、日本海の海岸線から南へ約4km先にありますが、池の周囲を0mの等高線が取り囲んでいます。鳥屋野潟を含む

新潟平野は、海岸線に並行して小高く延びる砂丘とその背後に溝状に延びる凹地（堤間凹地）が、列をなしています（図4-4-1b）。鳥屋野潟周辺も、こうした堤間凹地の1つです。

当然ですが、ゼロメートル地帯だとしても、土地として管理・利用され住宅も建設できます。それどころか、一般的に水面下の土地や公有水面は土地登記の対象になりませんが、ときには不動産登記法で登記の対象となります。鳥屋野潟は水深が数mと浅いこと、そしてかなり昔から湖面を利用する入会権が存在していたこともあって、土地登記がされていました。現在は野鳥の楽園です。2011年3月11日の東北地方太平洋沖地震で地盤沈下し、海底下になった土地も同じようなことになるはずです。

## ❷→ 等高線は交差しない

さて、これまで以上に小人が声をひそめてするような話になりますが、10mの等高線間隔で、50mの高さを表現するには、0.08mmの幅をもつ主曲線4本と0.15mmの幅の計曲線1本が必要になります。

それぞれの線の最小間隔を人間が識別しやすいように0.2mmとすると、50mを表現するのに必要とする最小の図上の幅は1.47mm（地上の距離で36.57m）となります。これが描画の限界です。従って、$50/36.75 = \tan α$ から、地図上で表現できる傾斜 $α$ は、約53度40分までになります。

すなわち、デジタル地図データならともかく、紙地図では、これ以上の急傾斜地形を人の目で見分けられるように表現できないのです。そこで急斜面では等高線を間引いて省略表現するか（こうした急斜面が、土壌で成立することは少なく、現地では岩の崖が見られるはずです）、実際のようすに合わせて岩がけの記号

などで表現しています。

　実際に、等高線で表現できないほどの急傾斜地はいくらか存在しますが、地図上で等高線が交差するような地形はありません。ロッククライミングに使われるような直立する崖を等高線で表現すれば、すべての等高線は同じ位置に重なります。もしも40mの等高線と30mの等高線が交差して、なおかつその等高線が内側に向かうとすれば、これはオーバーハングした地形です。

　このような地形が地図に表現するほど大規模に存在することはありませんし、仮にそのような地形があったとしても、当然そこは岩がけ（の記号）になります。

　さて、等高線がどの程度の混みぐあいなら、どの程度の傾斜があるか？　現地でいちいち三角関数を使って計算するわけにはいきません。どうしても傾斜角度を知りたければ、等高線の間隔が0.5mmなら傾斜が40度ほど、1.0mmなら20度ほど、2.0mm程度なら10度ほど、といった数字や、実際の図形サンプルを頭に入れるなどして経験的に判断するしかありません。

　ただし、傾斜角40度が、20度が、10度がわかったとしても、山歩きをするものにとってどれほどのものなのかは、現実の感覚がともなわなければ意味がありません。ですから山歩き・野山歩きの場面で、傾斜角度の詳細を知る必要はありません。

　それよりも図2-3-1dなどから、おおよその傾斜を知っておくのがいいでしょう。これに対応して、この程度の等高線の混みぐあいならわけなく登れる、いや息を切らせなければ登れない、といった感じをつかむことが必要になるでしょう。

## ❸→ 等高線を知って任意地点の高さを知る

　実際の地図を読むことで、等高線をより身近なものにします。図2-3-3aは、瀬戸内海に浮かぶ大槌島です。島の北半分は岡山県玉野市、南半分は香川県高松市となる県境が通過する無人島です。

　等高線は、海岸線(0mの等高線と一致しています)から陸側に、主曲線が10mごとに引かれて、5本目は太い計曲線となって50m、100m、150mとなっています。ただし、海岸近くには岩がけの記号があって、等高線の一部が省略されていますから、任意地点の高さを知るには少し注意しなければなりません。

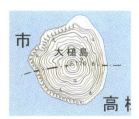

図2-3-3a　大槌島（岡山県玉野市・香川県高松市）
2万5千分の1地形図「五色台」

図2-3-3b　大室山(静岡県伊東市)
2万5千分の1地形図「天城山」

図2-3-3c　大室山と似ているもの。大室山の地図の等高線を眺めて、このような形が連想できれば、読者の地図力は確かなものです

山頂には三角点の記号があって、標高数値が170.8mとありますから、これから逆算しても、それぞれの等高線が何mを示しているかや任意地点の標高もわかるはずです。

図2-3-3bは、静岡県伊東市にある大室山付近の地形図です。切りだした地図に海岸線はありませんが、やはり山頂には580.0mの三角点がありますから、この数値などを頼りに任意地点の高さを知ります。もちろん、同心円状になった等高線の輪が小さくなるほど、高くなることを示しています。

ただし、図の三角点のやや上にある一定間隔の短い線が引かれた、とげのついたような等高線は凹地を示していますから、これは小さい輪になるほど低くなり、大室火山の火口を表します。

山頂付近の三角形のようになった計曲線は550mを示し、以下、すそ野に向かって順に500m、450mとなります。左手の山すそには、345.1mの水準点がありますから、大室山頂までの比高差（高さの差）は、235mになります。

このように、地図上の任意地点の標高や比高を知るには、以下のようにします。

・水涯線から、順に引かれた等高線を10mごとに順に数える
・0.1m刻みの数値で表されている「三角点△」や「水準点⊡」の標高数値から知る
・1m刻みの数値で表されている「写真測量による標高点（地図上では、·22のように表示されている）」と呼ばれる、地図をつくるときに測定された標高数値から知る
・適所に記入されている、等高線の読みを助けるための「等高線数値（地図上では茶色の斜体で200のように表示されている）」などから知る

それぞれの情報がもつ高さ精度は、2-3-❶の「表　地図縮尺と等高線間隔など」で示したように、地図には異なる精度をもつ高さの情報が混在していますが、等高線から地形を読む程度のことなら、あまり神経質になる必要はありません。

図2-3-3d　地図から任意地点の高さを知る方法です（奈良県大柳生町）。地図からA地点、B地点の標高を読み取ります。このとき参考になるのは、①三角点数値（261.6m）、②三角点数値（480.5m）、そして③等高線数値（300m）です。③の300mの太い線で表された計曲線から右にある等高線は、290m、280m、270mと下ります。川向こうには同じ高さの等高線があって、逆に270m、280mと上ります。従って、A地点近くの計曲線は300mですから、小山の頂はこれよりやや高いことがわかります。同じようにして、B地点の標高は、②地点からの等高線を順にたどって260m以下であることがわかります　　　　　　　　　　　　2万5千分の1地形図「柳生」

## ❹→ 等高線から傾斜を知り、断面図をつくる

地図から任意地点の高さを読み取ることができれば、断面図をつくることもでき、山の形もわかります。

断面図(図2-3-4b)は、地図(図2-3-4a)から等高線の混みぐあいが変化する地点(B:傾斜変換点)、等高線が小さく輪になる山頂(E)、2つの等高線が向かい合う傾斜が反転する地点(F:鞍部)などのポイントを見つけ、その標高を読み取り、各ポイント間の距離を測り、グラフの横方向に距離を、縦方向に標高や比高を表してつくります。わかりやすい断面図にするには、距離に

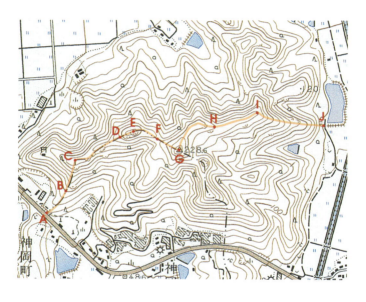

図2-3-4a(上)、2-3-4b(下)
断面図をつくる(兵庫県姫路市・たつの市)

折れ線になったルートの断面図なので、山の形が前方からこのように見えるということではありません
2万5千分の1地形図「龍野」

比べて、高さを誇張して表すといいでしょう。

　断面図からは、AからEや、IからJまでは急傾斜で、GからIまではやや緩傾斜であるといったことが容易に読み取れるはずです。ただし、GからIのような緩傾斜になった山頂部などでは、10mごとの主曲線、あるいは5m補助曲線に達しない小さな凹凸が現地に存在する場合もありますから、地図から読み取った断面図と現地のようすに多少の違いがでます。

## ❺→ 高さがわかれば、体積もわかる

　任意地点の標高の求め方や等高線が理解できると、体積がわかります。体積を求める方法としては次のようなものがあります。

### (a) 等高線を使ってダムの貯水量を求める

　ダムの貯水量や、ある範囲の土の体積（土量）を求めるには、ダムの堤体位置などと等高線に注目し、2つの等高線でスライスされた地形を、輪切りにした大根のような、不定型な円錐台に見立てて体積を求めます（図2-3-5a）。

　最初に、それぞれの等高線によって輪になった面積を、要求される正確さに応じて求めます（2-2-❷「縮尺を知って、面積を求める」参照）。

　次に、台形（の体積 =（底面の面積 + 上面の面積）× 高さ × $\frac{1}{2}$）や錐形（の体積 = 底面の面積 × 高さ × $\frac{1}{3}$）に見立てて、体積を求めます。たとえば、図2-3-5aのようなダムの貯水量を、例ではダム堤体と最上面の等高線で閉じた区域の面積（$A_0$）と、次の等高線で閉じた区域の面積（$A_1$）、その間の比高（h: 等高線間隔の10m）から、その間の台形の体積（$V_{01} = h \times (A_0 + A_1) \times \frac{1}{2}$）を求めます。これをダム底部へと繰り返して合計します。

2万5千分の1地形図「大関山」

**図2-3-5a** 台形法でダムの貯水量を求める方法です。$A_0$面から$A_n$面までの貯水量($V_{0n}$)は、次式のようになります。

$$V_{0n} = \frac{h \times (A_0 + A_1)}{2} + \frac{h \times (A_1 + A_2)}{2} + \cdots \frac{A_{n-1} + A_n}{2}$$
$$= \frac{h \times (A_0 + 2A_1 + 2A_2 + \cdots + 2A_{n-1} + A_n)}{2}$$
$$= h \times (\frac{A_0 + A_n}{2} + A_1 + A_2 + \cdots + A_{n-1})$$

もちろん、最深部が$A_n$面で近似できる場合は、これで終わりです(全貯水量$\Sigma V = V_{0n}$)。しかし、最深部の形状によっては、$A_n$面からさらに続く最低部までを錐形と考えて計算することもあります。その比高($h_e$)は等高線間隔($h$)とは異なり、その部分の貯水量($V_e$)は、錐形を求める公式で計算します。

$$V_e = A_n \times h_e \times \frac{1}{3}$$

それぞれを加算して、全貯水量$\Sigma V$とします($\Sigma V = V_{0n} + V_e$)。

## (b) 標高を使って土の量を求める

土量の計算では、<u>点高法</u>という方法も用います。

点高法は、測定する土地の地形を近似するような三角形に区切り、それぞれの三角形の面積($S_t$)を求め、それに各頂点の標高の

平均から、各区域の体積($V_t$)を求め、総和から全体の土量($\Sigma V$)を求めます。三角柱の総和を総体積とするものです（図2-3-5b）。

土地の起伏などに応じて三角形の大きさや形を慎重に決めることで正確さが向上します。もちろん、方眼や任意の四角形に区切って行うことも可能です。

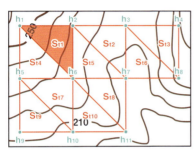

図2-3-5b　点高法で土量を求める方法です。面積（$S_{t1}$）の三角形区域の体積（$V_{t1}$）は、三角形の頂点の高さを平均して、以下のように求めます。

$$V_{t1} = \frac{S_{t1}(h_1+h_2+h_6)}{3}$$

$$V_{t2} = \frac{S_{t2}(h_2+h_3+h_7)}{3}$$

その後、すべての体積を合計して、全土量（$\Sigma V$）を求めます。

$$\Sigma V = V_{t1} + V_{t2} + \cdots V_{tn}$$

## ❻→ 等高線の性質を分析する

　断面図をつくれれば、地形の概要もわかり、詳細な山歩きの計画に役立つでしょう。もちろん、「地理院地図（電子国土Web）」の「機能」を使用すれば、簡単に面積計測や断面図などをつくれます。

　民間地図サイトのカシミール※などでは、任意視点の鳥瞰図を描くことができ、視点の水平位置や高さといった要素も自由に変化させることができます。

　しかし、紙地図から地形を把握する必要に迫られるたびに断面図をつくっていては手間がかかりすぎます。そればかりか断面図は、任意の面で輪切りにできるCTスキャンとは違って、山体などを1つの方向で切り取っただけにすぎません。

　従って、等高線を使ってもっと簡単に全体の地形を把握する

※　カシミール　http://www.kashmir3d.com/

術を獲得しなければなりません。上空から地球を眺めたようす、しかも旋回するように視点を変えても、なおかつ全体を知ることができる技術です。頭脳の中に任意の鳥瞰図を描くといったことです。そのためには、さらに等高線の知識を得つつ、多くの地図と現場に接することが必要になります。

その前段として等高線の性質について、これまで説明してきたことを整理してみます。

❶等高線とは「高さの等しい地点を結んだ線」
❷等高線は大陸や島全体で考えるなら環になる※
❸等高線は相互に重なることはあっても、横切ることはない
❹隣り合う等高線の間隔が一定なら、その間の傾斜は一様
❺等高線の間隔が狭いほど急傾斜、広いほど緩傾斜
❻山頂部に向かうほど、等高線の環は次第に小さくなる
❼河川は人工的なものを除き、谷の最深部の等高線を直角に横切って最大傾斜方向に流れる。もちろん、等高線が沼や池を横切ることはない
❽一般に風化を受ける尾根の等高線は丸みをおび、水流が岩肌を削る谷の等高線は尖鋭になる(もちろん地質などにより例外もある)
❾山体は尾根と谷の組み合わせで全体が構成され、尾根と谷が交互に出現するとともに、張りだした尾根の裏側には谷が、谷の裏側には尾根が張りだす

※ ごく急斜面の場所は等高線が省略されることもあります。実際には土や岩の崖があって、これを表現していることで、等高線が途切れていることは前述しました。さらに2本の水涯線で表現される河川を横切るとき、同じように道路や鉄道、堤防、コンクリートの擁壁、建物などの記号を横切るときにも、編集された地図の等高線は省略・間断されています。従って、地形模型などを作成する際には、これらの省略・間断した等高線をつなぐ作業が必要です。地形を想像するときにも、頭の中のことですが同じような作業が必要です。

❿尾根や谷が向きを変えるときには、それに見合う尾根や谷が分岐する。そのようすは、あたかも「力の平行四辺形」のようにバランスを取る。このようなことから、谷や尾根が十字形で交わることは原則ないし、そうした**不整合が存在する場所では、強固で特異な地質構造の影響が考えられる**

❽以下は、地図のつくり手が先輩から教えられたことです。特に平板測量時や等高線の編集時には、こうした考え方にもとづく尾根と谷で構成される「地性線」を基本として、等高線を描いてきました。地性線の詳細については後述します。

以上のようなことは、初歩の地図の読み手にとって重要ではありませんが、山歩きをする人は知っておくと便利でしょう。

たとえば、等高線数値や河川が表現されていない地図で、尾根はどこ、谷はどこだろうかと迷ったときには、等高線の曲率で推測できますし、実際の山と地図を対比するときにも役立つでしょう。単色の地図で等高線と河川などを見分けるのにも役立ちます。

多くの地図と実例に接する前に、もう1つ大事なことがあります。等高線が表現する地形にかぎらず、地形図を読むためには「2万5千分の1の眼」が必要になります。目前の風景を、地図の縮尺に合わせた見方をするといったものです。地図に表現されない、狭い短い道路や小河川に目を向けていると、2万5千分の1に縮小された地図との対比がうまくいきません。地形についても同様です。実際の風景の中にある小さなひだに惑わされないようにして、地図と対比させる必要があります。

これを手助けするのが、尾根と谷で構成される地性線です。前記❾❿でも触れましたが、かつての地図のつくり手は地性線などについて先輩に次のように教えられました。

「尾根線（図2-3-6a、図2-3-6bの太い実線or茶色）と谷線（破線or水色）で構成される地性線は、それぞれが分岐することで、方向を変える。その角度は、分岐した尾根の張りだしや谷の切れ込みの強さで決まる。そして本流ほど谷が深く切れ込む（等高線が谷奥へと伸びる）」

　レオナルド・ダ・ヴィンチは、

「河川の本流と水流の関係や、気管支や血管の分岐など、自然界にあるものは、木の幹から分岐して伸びる枝の直径を足すともとの幹の直径に等しくなるように、あらゆる段階で厳密な比例が働くのだ」

と述べています。レオナルド・ダ・ヴィンチのこの理論は、物理的に安定している地形についてもおおむね成り立つものと思われます。
　地図技術者になったとき、先輩からはレオナルド・ダ・ヴィンチという名前こそでませんでしたが、地性線のありようについて、さらに次のように聞かされました。

「谷や尾根からなる地形は、自然の摂理のもとにバランスの取れた形で存在している」

　さて、平板測量図では、こうした理論にもとづき構成される地性線を、実際の地形に重ね合わせて形づくり、その要所を測量して得られた標高データが地性線に肉づけされて地図の等高線ができあがっています。

一方、写真測量で図化された地図も、その一部はそうした理論を頭の隅に置きながら図化、編集されていますが、なかにはたんに空中写真から見えたままを大事にしているものもあって、地性線が明瞭にならないものもあります。

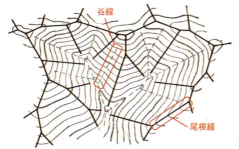
図2-3-6a
平板測量図における地性線

図2-3-6b　写真測量図における地性線

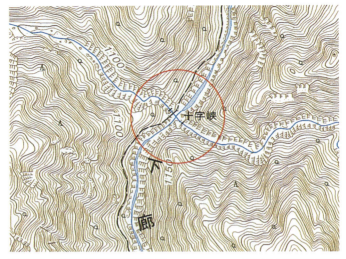

図2-3-6c　V字谷と十字峡(富山県立山町)　　　　　　　2万5千分の1地形図「十字峡」

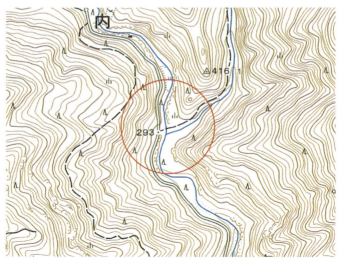

図2-3-6d　Y字形で合流する一般的な谷の出会い(高知県香美市) 2万5千分の1地形図「奈呂」

それはともかく、事前に地形図を読んで計画を立てる場合、そして現地で地形図と実際の地形を対比させる場合にも、地性線に注目して山体を見ることで「2万5千分の1の眼」を得やすくなります。

　富山県立山町にある黒部峡谷の十字峡は、文字どおりV字谷の続く本流の同一地点に左右から2つの支流が合流しています（図2-3-6c）。これは、ダ・ヴィンチの考えや平板測量時代の地図のつくり手の考え方にそぐわない特異な例です。それを可能にしているのは、地質構造であり、それを受けた左右の滝です。


　尾根や谷の見分け方は、図1-1-2bほかで紹介しました。地図と写真の対比でわかるように、小・中縮尺地図では、尾根や谷で構成される山体が、まったくそのまま表現されるわけではありません。実物を縮小した空中写真を測定することで、小さな凹凸やひだは省略され、図化による乱れた等高線は編集されます。

　ですから、実際の風景と地図を対比させるときには、地物だけでなく、地形についても、風景全体を大くくりにして見る「2万5千分の1の眼」が必要になります。

　しかも、地図のつくり手は、森林を取り除いたスッピンの地球を地図に描き、地図を読む人は、森林という衣服を着た地球を見るという違いもあります。

# 2-4 山や尾根は等高線でどう表現されるか？

## ❶→ ショウガ山からわかること

さらに具体的に地図の等高線を読んで、現地の風景を想像します。山が単独の峰として存在していれば、大槌島や大室山のように（69ページ）、単純な等高線の環で表現されて、地形を想像することは容易でしょう。

さらに、そのゲジゲジとした等高線のひだの有無やそのありようを少し観察すれば、地形を予想できるでしょう。大室山は茶碗を逆さまにしたようなものに近く、大槌島は半円形の紙風船を少しだけしわくちゃにした状態です。大室山に比べて大槌島のほうが侵食の進んだ山、あるいは変化に富んだ島ということです。

多くの実際の地形は、これほど単純ではありませんから、そのしわくちゃの状態の詳細を知るには、「尾根はどこ、谷はどこ」について、さらに知識を高める必要があります。

実際の尾根の発達と構成という意味では不自然ですが、地形を見て等高線を想像する訓練として、買い求めたショウガを眺めながらそこに描かれる等高線を想像してみましょう。

図2-4-1a 「ショウガ山」上から

図2-4-1b 「ショウガ山」横から

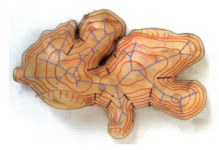

図2-4-1c 模式的に描いた「ショウガ山」の等高線図

　丸みをおびて盛り上がったショウガ山は、横から撮影した写真にあるように3つの峰からなります。上から撮った写真からは、四方に張ったいくつかの尾根があることも、誰の目にも明らかでしょう。尾根（水色線）は、ふり注いだ雨水が左右に分かれ落ちるところ、谷（青色破線）は雨水が左右から流れ集まるところです。実際に、ショウガ山に水を注いでみれば確認できるはずです。

　おもな谷は、黒く影になって切れ込むように発達した2カ所のほか、右端にも1つあります。右手の谷は、少しおおげさに描きました。そして、全体的にこんもりしているということは、半球と同様に標高の低いところでは等高線が密になり、頂上に向かうに従い疎になるということです（いずれも、きわめて模式的に描いたものです）。

　空中写真を通して描いた等高線は、この「ショウガ山」のように、地球の表情をくまなく表現しています。しかも、等高線から見える地形の表情の違いは、土壌、地質、河川侵食、地殻変動などを反映したものになります。地図のつくり手としては、等高線から、こうした違いを読んでほしいと願っています。

　ところが、ふだん街歩きをしていて、尾根や谷を意識すること

はほとんどないでしょう。しかし、私たちは常に地形の中に位置していますから、「渋谷駅周辺で道に迷っても、坂を下りるようにたどれば駅にたどり着く」「東京では、台地の上よりは谷に庶民の町が多く発達している」「『中州』や『中の島』という地名のあるところは、ほぼ周りを川に囲まれて島状になったところ」のように、地形の概要などを知っていれば、適切に判断して正しい行動ができます。

そして、人工物の目標物（ランドマーク）がほとんどない、あるいは見知らぬ山野で、みずからの場所を明らかにし、これからの行動を判断しようとすれば、地形を特徴づけている、そして構成する「尾根と谷と、それぞれを結ぶ地性線」がわかると、正しい行動ができるはずです。

## ❷→ 等高線から小島の形を想像してみる

これまでの知識をもとにして、似た者同士のような3枚の地図を読み、海上から見た島の形を想像してください。地図の内容

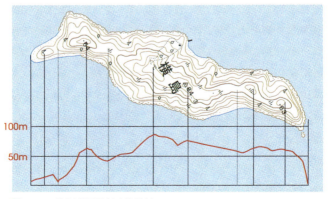

図2-4-2a　横島と断面図（広島県呉市）　　　　　　　2万5千分の1地形図「柱島」

はそのままですが、向きを回転・縮小拡大して、島の大きさと向きをほぼ一致させています。それぞれの地図と断面図から違いが理解できたでしょうか。

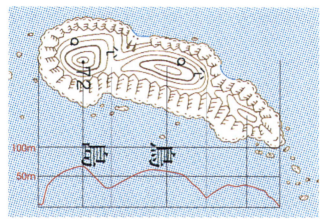

図2-4-2b　鳥島と断面図（宮崎県串間市）　　　　　2万5千分の1地形図「幸島」

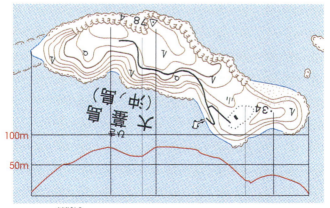

図2-4-2c　大蟇島（おおひきしま）と断面図（長崎県長崎市）　　　2万5千分の1地形図「池島」

横島、鳥島、大篊島(おおひきしま)のいずれも、最高標高に大きな違いはありません。そして、ほぼ3つの頂で構成されています。違いは、島の最高所がどこにあるか、そして島の両端が海へ落ち込む形の差です。記号だけに惑わされないで、等高線から比高を読みとって比較してみると、次のようになるはずです。

　横島(図2-4-2a)は、山頂がダラダラと連続し、左の岬は緩やかに、右の岬は急傾斜で海へ向かっています。鳥島(図2-4-2b)は、3つの頂が顕著で、左の岬は急傾斜で、右の岬は緩やかに

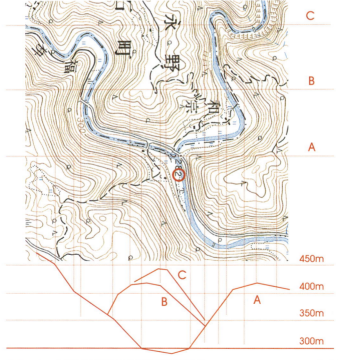

図2-4-2d　谷間の地図と断面図(広島県神石高原町)　　　　2万5千分の1地形図「油木」

海へ向かっています。大藪島(図2-4-2c)の3つの頂がやや顕著で、左右の岬とも比較的緩やかに海へ向かっています。

同じように、似たような2つの河川が合流する谷間の地図(これも、実際の地図を傾けるなどの加工をしている)をもとにした断面図です(図2-4-2d〜f)。今度は、1つの断面図を描いただけでは、違いがわかりませんので、それぞれの地図から最高地点などを通過する特徴的な通過点(A、B、C)での断面図も描いてあります。これらから、谷間から見た風景を想像してください。

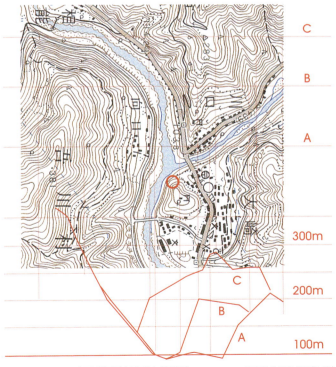

図2-4-2e　谷間の地図と断面図(高知県仁淀川町)　　　2万5千分の1地形図「大崎」

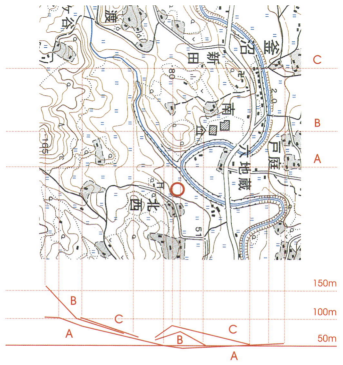

図2-4-2f 谷間の地図と断面図(千葉県鴨川市)　　2万5千分の1地形図「鴨川」「金束」

図2-4-2g
カシミールによる展望図
2万5千分の1地形図「油木」

断面図を重ね合わせると、○地点から見える、おおよその風景が浮かんできます。こうした作業や、地図を持参して現地風景と見比べる作業の積み重ねにより、次第に等高線から風景が浮かび上がるようになるはずです。

ところが、このようなめんどうな作業をしなくても、カシミールといったアプリケーションを使えば、断面図どころか、展望図さえ容易につくれます。ですが、ここまでしてきた知識の獲得や訓練と経験によって、こうした断面図をつくらなくても、アプリケーションを使わなくても、現地の風景が想像できるようになれば、いつでもどこでも、現地で地図との対比が容易にできるはずです。

### ❸→ イメージをはたらかせて等高線から地形を読む

これまでの知識をもとに、等高線から地形を読む問題に挑んでみましょう。

●問題**1**（図2-4-3a）

尾根にこだわった問題です。地図はいずれも2万5千分の1地形図、等高線間隔は10mです。地図にある「払川」集落の60mの標高点から尾根だけをたどって、最短距離で「羽山275.5m」を目指すコースは、❶❷❸のどれでしょうか？

図2-4-3a
2万5千分の1地形図「青葉」

正解は❸です。「羽山」は標高275.5m、「払川」集落の道路地点は66m。標高の高いほうから低いほうに向けて、指でV字形をつくり、等高線と形の一致したところが谷でした。そして、その逆が尾根です。従って❷は谷を登っています。❶と❸の道は、展望が開ける尾根を上っていますが、最短距離をとっているのは❸です。

● 問題 2 (図2-4-3b)

次は、無人島に上陸して頂上を目指します。「魚釣島」のポイントPに上陸し、ここから242mの標高点を目指します。この地図だけから判断して、安全で、初心者でも目標地点に到達しやすいコースは、❶❷❸のどれでしょうか？

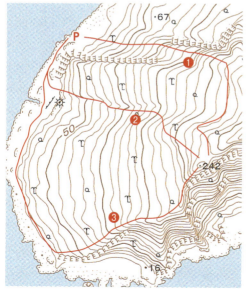

図2-4-3b
2万5千分の1地形図
「魚釣島」

正解は❸です。❶のルートは、上陸地からある高さまで直登するのはいいとして、右下に大きく曲がる地点をどのように把握するかが問題です。そのあと、同じ高さの地点を進むというのも難しいものです。

❷も同じ理由のほか、一般的には見通しが限定される谷を登るのは避けたほうがいいでしょう。❸は、少し遠回りではあるものの、進行方向の右手に広がる崖に注意し、崖下に張りだす尾根を確認しながら登ると、3番目の尾根の分岐にある・242m地点を特定しやすいでしょう。

● 問題❸（図2-4-3c）
　この地図の範囲を表した地形モデルとしてふさわしいのは、右の❶❷❸のどれでしょうか？

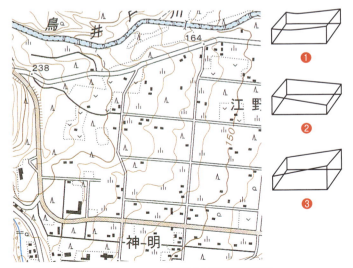

図2-4-3c　地図と地形モデル　　　2万5千分の1地形図「御在所山」

正解は❷です。左上の道路上にある・238mの標高点と、右中央にある150mの等高線数値の間にある等高線は、ほぼ平行かつ定間隔です。従って、この間は右方向へ下る一定傾斜の斜面ということになります。

● 問題❹（図2-4-3d）
　この地図の海岸A地点から平山集落の東にある2車線の道路のあるB地点までの断面図としてふさわしいのは、右の❶❷❸のどれでしょうか？

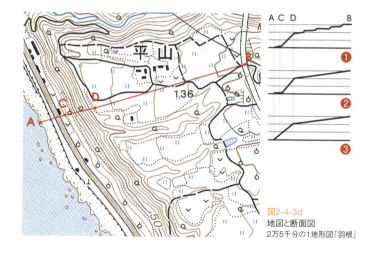

図2-4-3d
地図と断面図
2万5千分の1地形図「羽根」

　正解は❷です。海岸線は当然ながら0m、B地点方向には・136mの記入がありますから、全体としては右方向に上る傾斜地です。傾斜を細かく読みます。地形図の下にある50mの等高線数値から逆算すると、海岸線から国道をまたいだ先の急斜面が始まるC地点の等高線は10mです。

C地点から始まる急斜面のてっぺんD地点の高さは、海岸から2本目の太い等高線（100mの計曲線）の次ですから、110mです。B地点の高さは150m（の計曲線が通過している）です。そして、A-Cはともかく、C-D、D-Bそれぞれの間の等高線の間隔はほぼ同じですから、傾斜も一定です。ということで、答は❷です。

等高線などから高さを読むことでわかることですが、C、Dなどの傾斜変換点、特徴点を見つけることが大事です。また、D-B間は水田地帯ですから、局所的には❶のように細かな段差があるものの、この程度の断面図に表れるほどの高さはありませんし、等高線位置と段差が一致するともかぎりません。

● 問題5（図2-4-3e）

この地図のA-B両地点の断面図としてふさわしいのは、右の❶❷❸のどれでしょうか？　ただし、湖底は考慮しないで、湖面の高さとします。特徴点を見つけてから標高を読み取るといいでしょう。

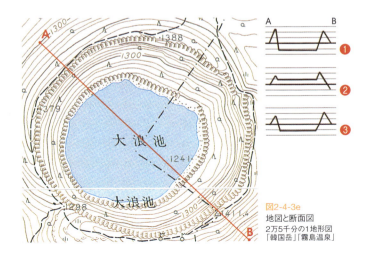

図2-4-3e
地図と断面図
2万5千分の1地形図
「韓国岳」「霧島温泉」

正解は❸です。A地点からB地点方向へ、順に標高をたどってみます。A地点は等高線数値から1300m、この線上で最高所となる徒歩道との交点は、・1379mの標高点と等高線の関係から1380m、湖面はどこも水平ですから、その高さは右岸にある標高点の1241mです。次の徒歩道との交点は三角点があって1411m。

　そして、B地点は1411m地点から計曲線で3本目のところ、しかも最初の計曲線は、三角点の右側で折り返して輪ゴム状態になっていますから、三角点位置を頂としてからB地点方向へ下っていることになります。太い等高線は、三角点に近いところから順に1400m、1350m、1300m（B地点）となります。

　整理すると、A地点1300m、湖の左山頂1380m、左湖面1241m、同じく右湖面1241m、この先の1300m地点から急傾斜になって、右山頂1411m、B地点1300mと連なります。

## ❹→ 川や池のありようと矛盾しない等高線

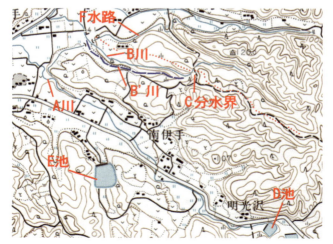

図2-4-4a　川は、池はどのように表現されるのでしょうか？　2万5千分の1地形図「丸森」を一部改編

次は、川や池の水涯線（水際線）と等高線の関係について考えます。あたり前のことですが、川（水）は、最低所をたどりながら、高きから低きに流れます。ですから地図作成時には、検査者から「水流と等高線の関係が矛盾していない」地図づくりを求められます。

　水涯線と等高線にこだわって地図から誤りを見つけます（図2-4-4a）。A川は等高線との関係で矛盾はありませんが、B川は正しくありません。全体的には、どちらの川も高所から低所へと流れてはいますが、B川は最低所をたどった流れにはなっていません。図例の場合は、等高線か水流のどちらかに誤りがあります。

　水が岩肌を削る谷は、尾根に比べて等高線の曲率が小さくなり、最低部の形を表現する等高線の先端部は先鋭になります。ですから川は等高線の先端がもっとも尖った、谷の最低所を連ねた、青色の破線で示したB'川のような地点を流下するはずです。

　また、川の流路が赤の点線で示した分水界（C）となる尾根を越えることもありません。分水界とは、文字どおり降り注いだ雨水が、どちらの河川にそそぐかの境目のことですから、2つの河川が流れていれば、その間にはかならずどこかに分水界が存在し、そこを越える流れはありえません。

　また、F（水路）のような、ここまでの原則に沿わない流れがあるとすれば、天井川か農業用水路などの人工河川です。地図には表現されていないとしても、人工の盛り土やコンクリートの擁壁などによって、流下に必要な傾斜が保たれて流下しているはずです。また、人工のF水路は、逆サイホンなどでB川と立体的に交差することが十分考えられます。

　そして、沼や池は水平面を保っていますから、きわめて大規模なダム湖などを除けば、湖水を等高線が横切ることはありません。

等高線が横切るE池は矛盾があり、D池は正しい表現です。

　発行された地形図では、これらの矛盾は完全に取り除かれて表現されているはずです。このことを知っていれば、一色刷りの旧版地形などから、河川や湖面を見つけることはたやすいでしょう。また、河川が表現されていなくても、谷が、その最深部がどこであるかがわかり、川跡探しもできます。

　ただし、原則に沿わない地形が存在するのも確かです。繰り返しになりますが、谷には一般的に尾根に比べて鋭角な等高線が並びます。しかし、U字谷（その代表的なものは、氷が岩を削ってできた氷河地形）では、一般の尾根に見られる以上の大きな曲率をもちます。それでもその谷を流れる川という局所に注目すれば、等高線の先端は先鋭になっているはずです。

　河川を横切る等高線の間隔は、河川の傾斜そのものです。先に山体の断面図を描いてみましたが、河川の傾斜を表現する縦断面図はいとも簡単にできます。蛇行を考慮しなければいけませんが、その河川延長を横軸に、そこを横切る等高線の標高を縦軸に（見やすく表現するために、高さを何倍かして）表せばいいのです。一般に下流ほど傾斜が緩く、上流ほど傾斜が急になるでしょう。

　地質構造などに変化があれば、傾斜の連続性にもその特徴が表れるでしょう。そして滝の高さにもよりますが、急激に水流が落下する滝付近では、付近の等高線間隔に比べて、その間隔が密になりますし、そのように表現されているはずです。

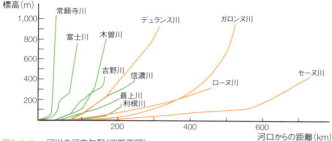

図2-4-4b 河川の河床勾配（縦断面図）
出典：国土交通省関東地方整備局Webサイト
http://www.ktr.mlit.go.jp/

## ❺→ 矛盾する？　海岸線と等高線

　次は、海との関係です。2万5千分の1地形図に表現された海岸線と海抜0m等高線の関係を考えてみます。地図の海岸線が<u>満潮界</u>で表現されることはよく知られています。干満の差が大きい地域では、干潮時に陸化する干潟（の位置）も表現されています。

　一方、地図における高さは、原則、日本全国どこでも、東京湾平均海面を基準としています（実際には、同平均海面を基準にする日本水準原点の零目盛）。従って、海岸線と0m等高線は、厳密には一致しないことになります。

　といっても、東京湾の平均海面と各地の平均海面の高さの差はたかだか20cm程度ですから、この地域差は無視できます。さらに、東京湾平均海面と各地の満潮位との差も、高さにすればせいぜい1mほどですから、等高線の精度が5m（等高線間隔の2分の1）の地形図では無視できるでしょう。従って多くの地域では、<u>2万5千分の1地形図に表現された海岸線は、標高0mの等高線と一致</u>しているといえます。

　それでも、海岸線と標高0m地点が一致しない地域がいくらか

存在します。いわゆるゼロメートル地帯です（図2-4-5a）。0m等高線のずっと先にある防波堤に海岸線が存在します。こうした地域が存在する理由は、地下水のくみ上げによる地盤沈下などです。

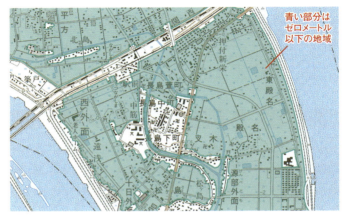

図2-4-5a　海抜ゼロメートル地帯（三重県桑名市）　　　　2万5千分の1地形図「弥富」

　日本の代表的なゼロメートル地帯は、おもに海岸に面した平地部における地盤沈下地帯と、木曽三川（木曽川、長良川、揖斐川）の河口付近に広がる輪中です。

　後者は、平野部全体が西へ傾く変動が続く地域です。そのため三川の流れが海岸に近づくにつれて三重県、岐阜県側へと集中しながら三角州をつくり、河川洪水や高潮の常襲地帯となっていました。そこで災害から土地や建物を守るために、集落全体を囲う形に堤防を築いたのです。

　耕地は低地に位置していますが、「〇島」といった地名がつけられた旧来の集落は高まりに位置しているのが、地図から読み取

れるでしょう。

　現地にでかければ、輪中を特徴づける「水屋」や「上げ舟」に出合えるかもしれません。前者は、緊急時用に母屋とは別に石垣などで一段高くした場所につくった家屋です。ふだんは倉庫として使われますが、洪水の際には居住スペースとなります。後者は、水害の際の移動手段として使用される、軒下などに用意された小船のことです。

●問題（図2-4-5b）
　これまでの知識をもとに、下の地図から11カ所の間違いを見つけてください。

図2-4-5b　地図の間違いを見つけてみます　　　　2万5千分の1地形図「御坊」を改編

図2-4-5c　解答

❶ 通常、独立建物（大）が、数本の等高線をまたぐ傾斜地に建つことはない
❷ 等高線は水平面である池の中を横切らない
❸ 用水設備のない山頂部に田があるのは不自然である
❹ 溜池のダム位置は、標高の低い下流側（右下）になければならない
❺ 土がけの記号の向きと等高線の関係に矛盾がある
❻ トンネルの2つの坑口の高さの差が40mほどあるが、この規模のトンネルにこの傾斜は考えられない
❼ 水路が峠（分水嶺）を越えて流れることはない
❽ 送電線の鉄塔位置である折れ線部分に注目すると、送電線路

が山を突き抜ける状態にある
❾ 三角点標高（109.3m）と等高線（60m）との関係に矛盾がある
❿ お寺の記号が裏返しになっている
⓫「文（小）」という記号はない

**2-5 植生や地名からわかるもの**

### ❶→ 植生からなにがわかるか

　地図に表現されているものを、地図の決まりから整理すると、おもに等高線で表される「地形」と、その大地の上に存在する「地物」、そして地物を説明するための「地名や記号」に大別できます。その地物には、道路や建物といった建造物のほか、畑・果樹園・森林といった、土地を被覆する植物も含まれます。地図の用語では、「植生」と呼びます。

　植生は、住宅地、庭地などの空き地、田畑や果樹園といった（既）耕地、そして森林や荒れ地といった未耕地に整理します。既耕地と未耕地の記号表現の違いについては、すでに紹介しました（1-1-❶参照）。いずれにしても、地図の植生界と植生記号に注目すれば、畑、果樹園、森林といった土地被覆の分布や広がりがわかります。もちろん維持管理された地図を時系列で対比することで、植生の時間変化を知ることもできます。

　ただし、現在の地形図では、宅地とその周辺を除いて、植生の変化についての維持管理が十分ではありません。最近では目にすることが少なくなった桑畑が、維持管理されない地図にはいまだ多く残っています。未耕地はさらに維持管理が十分ではありませんから、地図読みには注意が必要です。

　それでも未耕地と既耕地、そして住宅地や空き地との相対関係から、「農地開発が進行し、どれほどの森林が減少したか、住宅密集度はどれほどか」などといった、大きな変化を読むことができます。明治・大正期と現在といった長いスパンなら「竹林がど

れほど増減したか」といったことも読み取れるでしょう。ここでも、風景全体を大くくりにして見る「2万5千分の1の眼」が必要なことは当然です。

## ❷→ 植生を色塗りするとわかるもの

　地図に表現される植生は、実際の植物がそうであるように、大地を形成する地質と表層を覆う土壌、そして地下水も含めた水事情、そして傾斜や広がりといった地形などと深い関係をもって存在します。

　ですから、地図の上で植生を知ること、土地利用を知ることは、背景にある地質や土壌、水、地形などを明らかにすることにつながります。ただし灌漑やそのほかの技術が進歩して、自然環境との関係を少なくして開発が進んでいる現在の地図から、これらを判読するのはやや難しくなっています。

　本来の地球の、日本の姿を知るには、人々がより自然環境に合わせて生活してきた明治・大正期などの地図(旧版地図)、あるいは大規模開発が進められる以前のようすを表現している、太平洋戦争直後に米軍が撮影した空中写真が適しています。

　図2-5-2aは、木曽山系空木岳(うつぎだけ)を源として天竜川へと注ぐ中田切川(なかたぎりがわ)の周辺です。

　辺りには、太田切川、与田切川そして田切(たぎり)といった特徴的な地名が見えます。「田切」がどのような意味合いをもつのかはさておき、地図にある植生界をたよりに針葉樹・広葉樹・荒地(未耕地)の範囲を色塗りしてみます。植生界をたどるのが難しいなら、広葉樹林、針葉樹林、荒地といった未耕地の記号そのものを塗りつぶしてもいいでしょう。

　塗られた色は、ほぼ西から東へと線状に広がり、それは河川

敷や等高線が密になった河川の浸食崖と一致するでしょう。

また、茶色の線で示したように、一定の谷を埋めるようにして等高線をつなげることで、地形に風呂敷をかけたような仮想の地形面が表現されて(接峰面図*という)、河川浸食が進む以前の地形が明らかになります。この地域は、中央アルプスから東へと延びる扇状地であったことがわかります。

現在は、その扇状地を中田切川などが深く切り込んだ状態であり、等高線から読み取れる浸食崖の高さは50mにもなります。急激な浸食を可能にしてきたのは脆弱な地質と断層活動だといわれています。

このように河川浸食により、扇状地や台地が深く切れ込むことで分断された地形を「田切(たぎり)」と呼びます。「田切」地名の由来は、

水が激しく流下することを意味する「たぎる」からだといわれます。

伊那(いな)盆地に広がる田切地形は、南北間を結ぶ交通の難所となり、社会生活にも影響を与えてきました。そのことは、国道や鉄道といった従来の交通網が、西に位置する高速道路のように南北方向へ直線的にはならないで、大きな曲線を繰り返し描きながら浸食崖を上下していることで明らかです。

一方、未耕地を色塗りしてわかったように、田切の浸食崖は、耕地に適さない傾斜地、土砂災害などから守らなければならない地でもあったことから、いまも森林帯として存在しています。そして段丘上に注目すると、圧倒的に水田が広がっています。

本来、扇状地の頂部や中央部の土地は、砂礫(されき)を多く含み、雨水を地下深く浸透させて、水田への利用には不向きなはずです。

図2-5-2a 中田切川の田切地形(長野県飯島町)。森林部分を黄緑色に色塗りしただけで田切地形が明らかになります
2万5千分の1地形図「赤穂」

※ 接峰面図は、地図を適当な大きさのグリッドで区切り、方眼内の最高点をその代表標高とし、求められた標高点をもとに、割り込むようにして等高線を描くことで作成する方法(方眼法)、あるいは一定の基準幅以下の谷を埋めるようにして等高線を描く方法(谷埋法)で作成します。その結果表現される地形は、浸食作用でできた細かな凹凸を取り除いたもので、浸食以前の原型となる地形です。

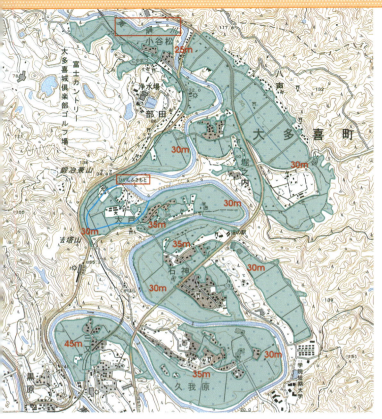

図2-5-2b　夷隅川の河川蛇行（千葉県大多喜町）。「ひがしふさもと」駅の南に記入した青線は川廻し工事以前のかつての流路
2万5千分の1地形図「大多喜」「国吉」「上総中野」「御宿」

田切に連なる台地での稲作を可能にしているのは、扇状地に食い込むように発達した中小の河川と用水路の整備によるものでしょう。

　図2-5-2bは、千葉県の房総半島を流れる夷隅川の周辺です。等高線の粗密や植生の違いがつくるパターンからだけでも、現在の河川蛇行との関係を感じることは容易なはずです。

さらに河川周辺の等高線をくわしく読むと、そこは標高が30mから35mのほぼ一様な平坦地であることがわかり、現在の夷隅川をそのまま押し広げた姿、あるいは流路を変更した跡ではないかとの想像もできます。

　河川蛇行のことは「4-2　河川を読む」でくわしく紹介しますが、現在、水田が広がる平坦地は、夷隅川のかつての河床跡であって、これがなんらかの原因でいったん隆起し、これを基盤としてさらに下方へと浸食（下刻）して流下しているのが現在の夷隅川です。

　このように等高線によって地形を読むことで、遠い過去の姿を推察できるのは当然として、田畑や森林といった植生記号に色を塗り、抽出して土地利用を明らかにするだけでも、地形の変遷がわかるはずです。さらに、平坦地の標高をくわしく調べることで、形成時期の異なる段丘があること、すなわち隆起・下刻が複数回あったことも明らかになります。

　そして「ひがしふさもと」駅の辺りには、江戸期などに盛んに行われた人為的な「川廻し」（ショートカット）による新田開発のようすも見えます。川廻しは、おもに蛇行した河川をトンネルや切り通しで短絡させて、それまでの河川敷を農地などに転用することです。川廻し工事の結果、トンネルや切通しを流れるようにつけ替えられた新たな川や水田化された旧河川跡などを「川廻し地形」と呼びます。千葉県では江戸期に盛んに行われ、養老川、小櫃川で多く見られます。千葉県以外では、新潟に事例がありますが、こちらは「川瀬違え」といいます。

## ❸→ 地名を知って人の営みを知る

　次は、地名に注目してみます。地名とは土地につけられた名称であると同時に、土地に存在する構築物やそこに暮らす人と一

体になってつけられた名称や、山・川といった自然物の名称（「自然地名」）も含み、広義の地名はこれらすべてを包含します。

では、狭義の地名とはどのようなものかというと、土地そのものにつけられた名称であって、人が居住していない場所も含めた土地の呼び名です。

一方、地図に表現されている注記文字全体は、地名と説明注記に分けられます。後者は工場、鉄道、ビル、ゴルフ場名称といった構造物や施設を、そして海面養殖場などを説明するといったものです。そして地図に記入される地名は、「自然地名」と「居住地名」からなります。

地図の地名を読む場合ですが、山や川を表す自然地名はいいとして、注意が必要なのは、地図の用語で居住地名と呼ばれる、土地に存在する構築物と一体となった名称のことです。

現在地図に表現されている居住地名は、いわゆる「住所」あるいは「町丁目」と呼ばれる、居住者や建物の所在を示すために区分された名称であって、真に土地につけられた名称ではありません。地図の非居住地域に地名表記がなく、一部の居住地名が登記簿などに記載された土地の名称と異なるのはそのためです。

地図には、大字名のほか、居住地名としても使用されている字、小字といった土地の名称のほか、過去には「公称ではないが地元ではそう呼ばれている」といった通称名も表記していました。

直線の道を意味する「なわてみち」が「縄手道」に、高台にある「高縄手（道）」が「高縄」、「高輪」と変化したという説があるように、地名を考察する際には注意点があります。たとえば地名には先に音があり、のちに文字をあてたものが多いことです。地図の地名には難しい読みのもの（難読地名）以外にルビはありませんが、表記された漢字だけに注目しないことです。

ほんの一部ではありますが地形と関連する地名考察の一例を挙げると、新潟砂丘(図4-4-1b)には、砂丘の高まりに「○○山」といった地名の集落が多くあります。これは、そこに山があるということではなく、集落適地である高まりがあるといった程度の意味です。

そして、台地に切れ込んだ小さな谷間を、南九州では「○○迫(さこ)」と(図2-5-3a)、同じ地形に関東では「○○谷(やつ)」、「○○谷戸(やと)」といった地名をあてます。これも地形を表現していますから、地形を推察できます。新しく開発してできた出村(でむら)などを、砺波(となみ)平野などでは「○○新」「○○開」などと、有明干拓地などでも「○○開」と、岡山小島干拓地では「○○開墾」や「○○丁場」といった地名をあてています。同じ干拓・新田開発地名でも、それぞれの命名の歴史と関連づけて考察することで、土地開発の変遷を知ることができるでしょう。

香川県丸亀市には、荘園の経営などにあたった荘官の住まい、あるいはそれぞれの管理する領地を示す「領家」「地頭」「郡家」の地名が1カ所に固まって残っています(図2-5-3b)。埼玉県上尾市には「地頭方」「領々家」が、福井県大野市には「平沢地頭」「平沢領家」「森政地頭」「森政領家」、そして「郡家」もあり、「地頭」と「領家」「郡家」地名が独立しているものは各所にあります。土地支配にかかる歴史が見えてきます。

もちろん、旧城下町には、武士や町民職業集団が住んでいたことを示す「若党町」「蔵主町」「禰宜町」「大工町」(青森県弘前市、図2-5-3c)、「金屋町」「博労町」「御馬出町」(富山県高岡市)といった地名が残っています。地名と地形、寺町の配置、さらには道路形状などもあわせて読むことで、城下の町づくりの意図が見えてきます。

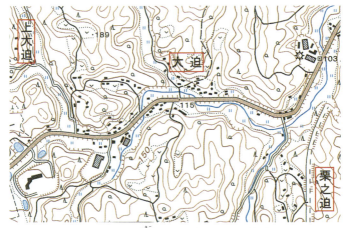
図2-5-3a 谷間の集落につけられた「迫(さこ)」という地名(鹿児島県鹿児島市)
2万5千分の1地形図「伊集院」

図2-5-3b 荘園に関連する地名(香川県丸亀市)。「領家」「地頭」といった地名だけでなく、方形になった土地区画(条里)のようすにも往時の面影が残っています
2万5千分の1地形図「丸亀」

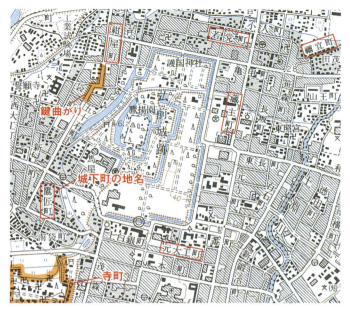

図2-5-3c 城下町に残る地名(青森県弘前市)。「若党町」「蔵主町」「紺屋町」などの城下町らしい地名が多く見られるほか、敵の侵入を防ぐために道路を鍵の手にして隘路とした「鍵曲がり」の跡も見られます　　　　　　　　　　　　　　　　　　　　2万5千分の1地形図「弘前」

## ❹→ いまどきの地名の読み方

　これまで紹介してきた少数の事例からでもわかるように、初期の地名は地形や、そこに住む人とのかかわりから命名されてきました。それは土地の自然や歴史、風土、文化などのあらゆるものを反映した結果です。

　そして、地名は人々の間で使われるなかで変化します。

　口伝えのなかで、そして漢字表記が行われたことによる変化もその一例ですが、読みが変化するもの、文字が変化するもの、住居表示や住宅地の開発、そのほかによって複数の地名が併合さ

れて複合地名になるもの、旧地名が廃止されたあとに、地名が新設されたものなどの例があります。

列島改造の宅地開発のころには「栄町」「旭ヶ丘」「光が丘」「すみれ台」などの大字名が、平成の大合併（1999～2010年）には「さくら市」「みどり市」「中央市」といった行政名が新たにつけられています。これらはいずれも、どの土地に命名されたとしても違和感のない美名、当該地域の地形や歴史との関連が少ない、特徴のないものです。

こうした地名命名について賛否はあるでしょうが、私は地名のもつ「風土と文化」を無視したいだけない地名が多いと感じています。しかしこれも地名であることには違いありません。従って、地名から地形や自然、歴史を考察するときには、現在の地図に表現されたものだけから軽々に判断しないことです。

いずれにしても地図、特に古地図に表された地名を読み、推し量ることは、その土地の素性とそこで営まれた人々の生活などを知ることにつながるでしょう。

地図における地名と書体の関係についても触れておきましょう。「居住地名」については、旧図（「旧版図」）では、字、大字、それらの総称など地名の種類に応じて「明朝書体」と「ゴシック書体」、そして文字の大きさを変えていました。現在はすべてゴシック体で、複数の地名を総称するほど大きなポイントで表示するように決められています。

「自然地名」についても、かつては山にかかるものは、書体は「等線体」、字形は右肩上がりになった「しょう肩体」を使用し、海・川などにかかわるものの書体は「明朝体」、字形は縦線が左へ傾いた「左傾斜体」と使い分けていました（図2-5-4a）。

このように古い地形図では単色であることもあって、書体と字

形を使い分けることで、「〇〇山」と書かれた注記文字が、山名なのか、居住地名なのか、といった疑問を解消できる仕掛けがあり、それが現在の紙地図に引き継がれてきました。

　ただし、ネットで公開されている「地理院地図（電子国土Web）」を含めて、現在は山名や河川名といった自然地名についても、書体は「ゴシック」、字形は「右傾斜体」、色はいずれも「黒」です。

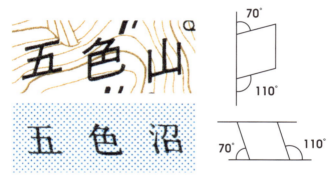

図2-5-4a　かつて山に使われていた「しょう肩体」（上）と、海などに使われていた「左傾斜体」

# 異なる地図を並べ、重ねて変遷を読む

## ❶→ 古い地図を重ねる

　現在の地図と旧版地図、空中写真、古地図といった多彩な地理的情報を並べ、重ねることで、人々の営みや自然の変遷がわかることは、少し紹介しました。

　では、具体的にどのように並べ、重ねるのか、どのような点に注意すればいいのでしょうか？

　もっともポピュラーな国土地理院とその前身である陸地測量部が作成した地形図は、明治初期以降に作成が始まってから現在まで、日清・日露戦争、太平洋戦争などへの対応もあって順調とはいえませんが、それなりに維持管理が行われてきました。従って、日本各地の明治以降の情報は、誰もが容易に利用可能です。

　このうち、国土地理院とその前身によって、明治初期に作成された迅速測図、仮製地形図（仮製図）は、その名が示すように、取り急ぎ作成したもので、全国的に統一して整備した基準点にもとづいていません。それでも地図の知識があれば、主要交通路や水系などを手がかりにして、並べて見ることは容易です。

　しかし、重ね合わせるとなると、たとえ同一縮尺の表示があったとしても、この間の経緯度原点数値の変更などのことから、経度緯度を基準にしただけでは厳密には一致しないでしょう。

　そうした場合は、パソコンのアプリケーションなどの力を借りて、地図上の転位が比較的少ないと思われる主要交通路や水系を基準にします。基準とする主要地物が存在しない場合には、主要な山頂および谷の交会地点などを使用して重ね合わせます。

より正確に一致させるには、多少の拡大縮小だけでなく変形も必要になります。こうなると、少し高度なアプリケーションが必要になります。いずれにしても複数の地点で照合を試みて柔軟に対応します。

その後の地形図は、明治・大正期に全国的に整備され、その後もせっせと維持管理されている三角点などの基準点にもとづいていますから、重ね合わせは容易です。そうした三角点の位置や地図の区画を示す経度緯度数値を基準にします。

ただしこの間には、経度測量の追加実施にともなう原点数値の変更と（一律に10秒405の変更、1918年）、世界測地系への移行にともなう変更（2002年）がありますから、たんに地図の区画（図郭）に頼るのではなく、その内容を理解したうえで重ねる必要があります。

前者は全国一律の変更ですから、地図区画等の平行移動で対処できます。後者は、地点ごとに異なる歪を解消した変更ですが、中縮尺図の重ね合わせで、しかもごく広域でなければ、当該地域ごとに一律な変更と考えて、平行移動の対処で差し支えありません。紙地図の場合には、区画の外に重ね合わせのための小さな三角形のマークがついています。

ところが、1945年以前に作成された地形図は、同じ基準点にもとづいてはいても平板測量によっていますから、特に地形については精度の均一性に欠けます。

山岳地などでは経度緯度数値や三角点で重ね合わせても、三角点周辺や主要地物といった局所での地形・地物は一致するものの、それ以外の場所で形状が合わないという場合がままあります。並べて見るときにもこの点に留意する必要があります。

地図の区画を超えないような小地域で、どうしてもしっかり重

ね合わせたい場合には、迅速測図や仮製地形図での重ね合わせと同様に、使用範囲にある主要交通路や水系を基準にして、多少の拡大縮小や変形も必要になるでしょう。

図2-6-1a　旧版地図と現在地図の重ね合わせ。一律の拡大・縮小だけでほぼ重なります
　　　　　2万5千分の1地形図「東京西部」
　　　　　2万分の1地形図「板橋駅」「下谷区」(1881年測量)

図2-6-1b　『文久元年(1861年)東都麻布之繪圖』と現在の地図の重ね合わせ。東都麻布之繪圖の縮尺だけ変更して重ねたもの。一律の拡大・縮小だけでは正確に重なりません
　　　　　1万分の1地形図「渋谷」　『嘉永・慶應　江戸切絵図』(人文社)

## ❷→ 重ね合わせと等高線

等高線図化の関係から重ね合わせを考えてみます。

北海道札幌市と江別市に広がる現在の北海道野幌森林公園の南にもまだ原始林が残っていた1965(昭和40)年ごろ、私はこの地の地図修正を担当しました。ところが、空中写真に写っている尾根沿いの道路が、うまく地図に挿入できないことがありました。もとになる地図が平板測量によるものだったことから、道路が谷を越えることになり、等高線と矛盾してしまったのです。

図2-6-2a　野幌原始林(北海道北広島市)。地図の等高線を見ただけではなんの変哲もない丘陵地に見えても、実際には原始林の深い森が広がっているため、等高線の描画に苦労する場合もあります
2万5千分の1地形図「北広島」

写真測量による地図だといっても、森の深いところでは精度よく等高線が描けないことは、拙著『地図の科学』でも紹介したとおりです。ですが、ごく小縮尺の写真や縮小したフイルム乾板を使用した初期の写真測量図を除き、同じ写真測量による地図なら、尾根や谷の連続線である地性線のつながりを誤ることはまずありません。

　一方の平板測量では、地性線上の傾斜の変化する地点（傾斜変換点）や地性線の分岐点など要所を測量して、残りは等高線を割り込むようにして描画しますから、要所の選定や地性線のつながりを誤ると大きな間違いとなります。

　高所からの展望が期待できるところでは、地形の全貌を把握すること、地性線とその要所を知ることが比較的容易になり、大きく誤る恐れはありません。しかし、深山幽谷と呼ばれる山岳急峻地ばかりでなく、平地や丘陵地であっても行動に苦慮するような原始林が広がる地域の測量には難渋したはずです。野幌原始林は、この例です。

　このように、平板測量による等高線の精度については、技術者の技量に依存する度合いが高くなります。

　さらに実例を見ましょう。

　図2-6-2b、図2-6-2cは、どちらも「石狩岳」の5万分の1地図ですが、「1912年測図」は平板測量によるもの、「1958年測量」は初期の写真測量によるものです。

　図2-6-2bと図2-6-2cを並べてみると、同じ地域を表現したとは思えないほど山容に差異が感じられます。それでもかなり好意的に見れば、左下から右上へと3本の尾根が延びて、骨格に大きな誤りはありません。

　等高線がつくる模様に、まったく異なる地域を表現したと思

## 平板測量

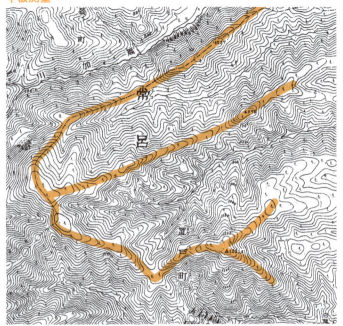

**図2-6-2b　無加川上流（北海道北見市・置戸町）**
5万分の1地形図「石狩岳」（1912年測図※）
※明治時代と1955（昭和30）年ごろ以降の、2つの時期に用いられた用語。

われるほどの差異がでた原因は、主要尾根と谷の測量は十分行われても、その間を埋める測量が不十分だったためです。

## 写真測量

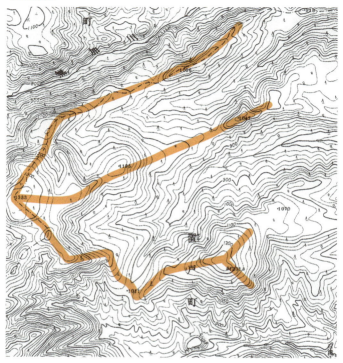

図2-6-2c 無加川上流(北海道北見市・置戸町)
5万分の1地形図「石狩岳」(1958年測量)

そして図2-6-2dは平板測量による、図2-6-2eは初期の写真測量による「燧ヶ岳」の5万分の1地図です。図2-6-2fは、写真測量が本格化したのちの2万5千分の1地形図からの縮小編集によるものです。

図2-6-2eと図2-6-2fの間には、空中写真の質と写真測量関連技術、そして使用機器の性能の進歩があり、多少の精度向上はありますが、根本的な差異は見られません（図2-6-2g）。ところが、図2-6-2dと図2-6-2eでは、長須ヶ玉山の西の緩傾斜部分に大きな差異が見られます（図2-6-2h）。1912年測図（図2-6-2d）では、等高線が定間隔に並んで、いかにも不自然です。

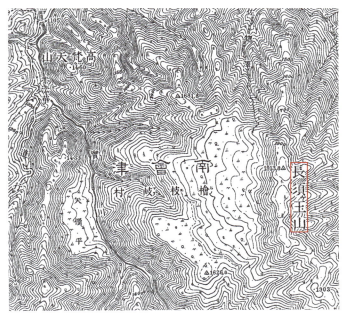

図2-6-2d　長須ヶ玉山（福島県桧枝岐村）
5万分の1地形図「燧ヶ岳」（1912年測図）

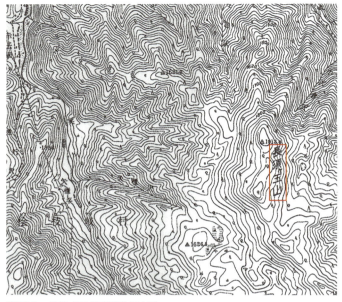

図2-6-2e　長須ヶ玉山(福島県桧枝岐村)
5万分の1地形図「燧ヶ岳」(1958年測量)

　ここでも全般的に尾根と谷を連ねる地性線に誤りは少ないようですから、前述した野幌原始林の例と同様に、緩傾斜地であっても、現地では見通しも利かず、しかも進入が困難な笹地や森林地帯であったことによるものと思われます。

　本来、変形地であるからこそ、慎重な測量を実施しなければならないのですが、進入を拒む地域であったことで経験や勘に頼ったのでしょう。

　このような理由もあって、過去の地図との重ね合わせには、主要交通路や水系、あるいは主要な山頂および谷の交会地点などを基準にします。少なくとも等高線で合わせたりはしません。

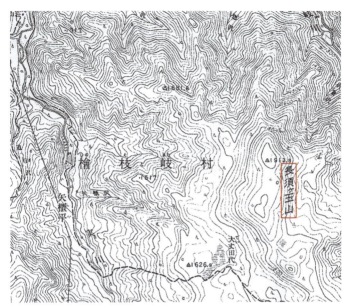

図2-6-2f　長須ヶ玉山（福島県桧枝岐村）
5万分の1地形図「燧ヶ岳」（1973年編集）

図2-6-2g 長須ヶ玉山。1958年測量(赤)と1973年編集を重ね合わせたもの。図2-6-2g、図2-6-2hともに、図中の三角点を基準に重ね合わせている

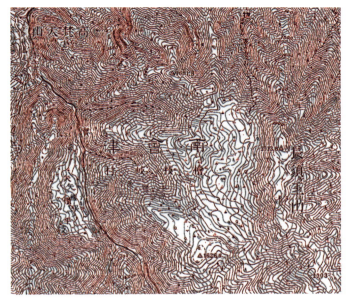
図2-6-2h　長須ヶ玉山。1912年測図(赤)と1958年測量を重ね合わせたもの

　また、重ね合わせた結果から変化を読み取る際には、等高線にかぎらず地物に関しても、このような測量誤差が含まれている点に留意する必要があります。

## ❸→ 絵図も空中写真も重ねる

　もちろん、江戸期などの絵地図と呼ばれるものと、明治初期以降の地図とを重ね合わせる場合にも、基本的には主要交通路や水系を基準にしたのち、拡大縮小、移動変形しますが、この場合は一律な拡大縮小では対応できないはずです。絵図は、もともと図面内部での縮尺でさえ一様ではないからです。

　江戸切絵図の利用にあたっての注意点を紹介します。江戸切絵

図は、当然ながら北を上にしていませんが、北の方向は明示されています。主要地点や交通路などを実測した地図をベースに、諸情報を書き加えて作成していますから、骨格となる縮尺はおおむね一定ですが、厳密には1枚の図中でも一定とはかぎりません。隣接する地図の図形もぴったりとは一致しません。

従って、現在の地図と厳密に重ね合わせるには、現代の図形と対照できる幹線道路や河川を見つけて、その範囲ごとに拡大縮小・移動・変形しなければなりません。道歩きなどで概観する場合も、このような特徴を知ったうえでの読図が必要です。

こうした重ね合わせには、一様な変形に対応する「アフィン変換」※1のほか、一定局所ごとの変形に対応する画像処理アプリケーションが必要になりますが、処理後でも厳密には一致しないでしょう。

このような異なる時期の地図の利用にあたっては、「歪があって重ならない」とするのではなく、「一定の歪を許して重ね合わせて使う」という意識が必要です。

また、地図と空中写真については、『地図の科学』(183ページ)でも紹介したように、前者は正射投影、後者は中心投影という根本的に異なるものです。従って、基本的には空中写真と地図を並べて見ることはできても、そのまま重ね合わせて比較することはできないのです。

空中写真は絵地図などとは異なり、地図に対して一定の系統だった歪をもっていますから、標高データをもとに変換した正射画像(オルソ画像※2)とすれば、かなり正確に地図と重ね合わせる

---

※1 アフィン変換：線型変換(回転、拡大縮小、左右反転)と平行移動の組み合わせによる図形や形状移動のこと。もとの図形で直線上に並ぶ点は変換後も直線上に並び、平行線は変換後も平行線であるなど、幾何学的性質が保たれる変換方式。

※2 オルソ画像：中心投影の空中写真(データ)を、標高データをもとに正射変換を行って、地図と同じ正射画像にしたものをオルソ画像(データ)という。同じオルソ画像と呼ばれるものでも、正射変換の方式や内容により大きな違いがある。

ことができます。歪補正の程度に違いはありますが、国土地理院が提供している「地理院地図（電子国土Web）」や、Googleなど民間地図サイトが地図とともに公開・閲覧に供している空中写真画像がこれにあたります。

　また、「一定の歪を許して重ね合わせて使う」というのであれば、対象とする地域が平坦な場合、あるいはごく局所を対象とした空中写真と地図なら、拡大縮小だけで、あるいはそれに簡単な変形を加えるだけで、重ね合わせることができるでしょう。とはいえいずれにしても、正確に重ね合わせるには画像処理アプリケーションが必要になります。

　それ以前に、モノトーンの地図なら地図は使い手が見やすいように編集した、白と黒からなる線画ですが、空中写真は地表のようすをたんに縮小しただけの省略のない、濃淡のある（連続階調の）画像であることも意識しておく必要があります。

図2-6-3a
空中写真。中心投影ですから、倒れて写った高いビルの裏側の情報は見ることができません

空中写真から、写っているものがなんであるかの詳細を見分けることを<u>写真判読</u>といいます。この分野の技術者なら立体像が明らかにできるペアになった空中写真から、多くの情報を取得・判別できますが、一般の方にはかなり難しいものです。

**図2-6-3b**
オルソ画像。連続階調で省略がないので、植生の判別が容易になり、ビル屋上の利用も読み取れます。逆に情報が煩雑な大都市部などでは読み取りにくくなります

**図2-6-3c**
地理院地図（電子国土Web）の「名古屋駅周辺」。省略や誇張などの編集で情報が単純化され、読み取りやすくなります
出典：国土地理院

## 2-7 地図の情報を地球に位置する

### ❶→ 地図上の任意地点の経度緯度を知る

　測量やGPSで得られた位置情報と地図から得られた位置情報を共通のものとする、あるいは位置情報をもった地図同士を重ね合わせる、そのようなときに使用されるのが、地球上の位置を表す経度と緯度です。

　任意地点の位置情報は、上空視界をさえぎるものがない場所なら、携帯端末などに用意されたGPS受信機を使用すれば、10数mから数m（日本では1秒が30m程度になりますから、3分の1秒以上）の位置精度で簡単に求められます。

　では、地球の一部を切りだした長さも高さもわかる地図の上で、（経度や緯度といった）位置情報をどのようにして計測できるのでしょうか？　地図には、任意地点の経度や緯度が誰でも簡単にわかるような仕組みが用意されています。

　地図の四隅などには経度と緯度数値の表示があります。さらに、地図を囲む区画線上には分線（分刻みの目盛り）と呼ばれる短い目盛り線もあって、これを利用して任意地点の経度と緯度を知ることができます。

　経度と緯度1分の長さは測定地点によって異なりますから、地図上の求点位置を分線で囲む格子をつくって、右図のような手順で、比例計算によって経度と緯度を求めます。

　仮に地図上の任意位置の測定を0.5mm単位でできれば、地上距離で12.5m、経度緯度は0.5秒ほどの精度で求められます。ただしこれは、表現された地物には転位がないとしたときの精度で

す。

　もちろん、測量やGPSで得られた位置情報、あるいはほかの地図から得られた位置情報（経度と緯度）を、逆の操作で地図に展開することができます。

　そして、位置情報をもった地図同士なら、地図の重ね合わせも簡単、正確にできます。このように位置情報が明らかな地図があることで、情報の相互利用が格段に進展します。

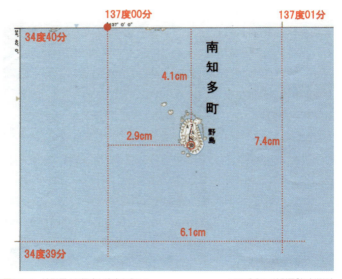

図2-7-1　地形図から経度と緯度を求める　　　　　　2万5千分の1地形図「伊良湖岬」
❶ 地形図の外側にある分線を結んで格子をつくります
❷ 求めたい地点をマーク（ここでは灯台☼）します
❸ 求点を囲む格子の大きさと、マークした地点までの長さを測ります
❹ それぞれの測定長から比例計算して、分線から求点までの経度と緯度を知り、分線の経度と緯度に加算あるいは減算して、求めたい点の経度と緯度とします
❺ 34度40分00秒 − $(\frac{4.1}{7.4})$ × 60 = 34度39分26秒
❻ 137度00分00秒 + $(\frac{2.9}{6.1})$ × 60 = 137度00分29秒

## 2-8 ナビゲーションする

### ❶→「人ナビ」の手順を分解してみる

　ここまでは、おもに地図から計測・計量すること、机上で地図を読むために必要な知識を紹介してきました。

　次は、現場で地図を読むために必要な「現地風景の中に地図を正しく置く(=整置)方法」を知り、地図をもって小山歩きやウオーキングを開始します。

　地図をもって行動することを、ここでは「人ナビゲーション」略して「人ナビ」ということにします。現代人の記憶から希薄になろうとしている(紙)地図を広げて歩くという人の行動、「人ナビ」について、フローチャートをつくるときのように分解・整理してみます。

❶地上を表現した必要な地図を用意して、現地に向かいます。
❷現地で、現在地に対応する地図上の位置を明らかにし、現地の風景と地図の向きを関連づけます。
❸地図の上で、最終目的地あるいは中間地点の位置と方向、そこまでの距離のおおよそを知ります。
❹今度は、地図から知った方向と距離を、実際の風景に反映して目的地へ向かいます。
❺そのとき、コンパスや万歩計などを使用することもありますが、ふつうは、歩いた時間や周りの風景と地図の対比でどのくらいの距離を移動したか推定して、目的地あるいはそれに準じた地点に向かいます。

❻到達地点と思われる地点で、❷と同じ操作をして、現地と地図を対応づけします。
❼到達地点が最終目的地になるまで、これまでの一連の操作を繰り返します。

　人ナビを整理すると、このようなことになります。
　私たちは、地図を広げたときには、こんな複雑なことをたいした意識もせずやってのけているのです。しかも、場合によっては縮尺の異なる複数の地図を使い、あるいは地図の主要部分だけに注目し、地図を回したりもして使います。

　紙地図の利用場面だけでなく、記憶にある頭脳の地図を広げた場合にも、こうした操作を繰り返して行動しているはずです。携帯端末にある地図やナビゲーションシステムなら、これらの一連の操作の一部や全部をハードやソフトが支援してくれるはずです。

## ❷→ 現地と対照して、「地図を地表に串刺しにする」

　手順がわかったところで「人ナビ」を開始します。
　その前に地図を用意します。もしも耶馬渓にでかけようとしたら、福岡県と大分県のどちらのガイドマップを買うか、どの区画の地形図を買い求めるかから始まります。
　地形図の場合、日本地図センターの売店には、「国土地理院　刊行地図一覧図」というインデックスがあります。サイトにも同様のものがあります。そのほかの地図なら書店で実物を見るか、ほかの一般的な情報によるしかありません。ともかく所要の地図を手に入れます。
　地図を用意できたら、現在地に対応する地図上の位置を明らかにします。「地図を地表の同一地点に串刺しにする」ようなこと

です。現在地が地図の上でまったくわからない場合は、図2-8-2のように「後方交会法」といって、周囲にある明らかな3点以上の目標物から引かれた方向線の交点を自位置として求めます。

　民間の市街地図なら、遠くまで延びる大きな通りや公共建物、大型店舗などにはその名称が記載されていますから、これを利用できるでしょう。

　官製地図では、おおむね民間地図に比べて小縮尺となり、民間施設の名称などの記載はほとんどありませんから、遠方からでも顕著な鉄塔や高層建築物、交通施設、山体などをランドマークとして利用します。

　ランドマークの選定にあたっては、地図上に正確な位置として表現されているもので（地物が混雑している場所では、転位されているものもある）、誤差の影響が少なくなるように現地点から遠い距離にあり、一方向に集中しないで適度な広がりをもっている、などに注意します。

　後方交会法が終われば、現在地と対応する地図上の位置が明らかになり、現地風景と地図の向きとが関連づけられて、地図の「整置」が一気に終了したことになります。

　しかし実際に経験するとわかりますが、この方法は図で見るほど簡単ではありません。野外に置かれたテーブルなどの平面上に地図を広げて、しかも三角定規やその代わりになる書籍の角などを使用して、目標物からの方向を見通すと比較的容易にはなりますが、それでもやや難しいものです。

　市街地ではこうした後方交会法を使用しなくてもかまいません。大規模な公共建物や交差点などの身近にある顕著なランドマークを見つけ、これと対比することで、「○○デパートの前にいる」「○○交差点にいる」として、現在地に対応する地図上の位置を明ら

かにします（図2-8-3f）。もちろん市街地などで、知りえた情報と地図の町丁目の照合が可能なら、もっと簡単に地図上の位置を特定できるでしょう。

ただし、いずれの場合も、近くにいいランドマークがないときには、不明な場所にいつまでもとどまるのではなく、いいランドマークのある場所に移動して作業を始めるのがコツです。

図2-8-2　後方交会法で、地図を整置します

## ❸→ 北を知って、「地図の回転を止める」

後方交会法が使えないときは、現在地に対応する地図上の位置が明らかになったのち、北を知って現地風景と地図の向きを関連づけることをします。地表に串刺しした「地図の回転を止める」ようなことです。

私たちの行動と方位について考えてみましょう。私たちが生活するうえでは、正確な北や南といった方位を知らなくても、鉄道駅や幹線道路などと結びつけられた「頭脳の地図」を広げるだけで事足りるという場面が多いでしょう。

頭脳の地図や手持ちの地図を方位と結びつけるとしても、「いまは午後の3時、そのとき太陽がこちらにあるから、おおむね南はこっちになる」「北極星が輝く方角が北だ」、いやそれどころか「東

京メトロ東西線はJR総武線より南を走っている」といった程度の理解力や知識があれば、なんら問題ありません。

しかし観光地などの知らない街にきて、ガイドマップを手にした場合、道に迷った場合などは、どうしても実際の風景と地図を一致させる必要に迫られます。

カーナビゲーションや地図が利用できるアウトドア用GPS端末なら、スイッチを入れるだけで表示された地図は整置ができているでしょう。そこではGPS受信機※から得られた位置の情報と真北方向の情報をもとに必要な地図を取りだし、方位と一致させて表示しています。

紙地図を使用する「人ナビ」では、そうした「他人力」のガイドはありません。現在地は「○○交差点だ」として、地表に串刺しした地図を、みずからの力で正しい向きに固定させて整置を完了させます。

まずは、北を知って、地図と実際の風景の向きを一致させます。多くの地図は北が上になっています。地図が北に対して傾きをもっているときは、北を示す矢印が併記されています。

コンパスを使って整置させるときには、付近にコンパスに影響を与える高圧送電線や変電所、工場などがないかを確認したうえで、針が指す北方向に、地図の上方向、あるいは地図に書かれた北を示す矢印方向を一致させれば、地図の整置はおおよそできあがりです。なお、ランドマークを使用して、コンパスの異常を点検することも必要でしょう。

### 磁針偏差を考慮する

コンパス（方位磁石）の北と一致させただけの地形図は、真北

※日本では、おもにアメリカのGPS（Global Positioning System：全地球測位システム）を利用しているが、ヨーロッパやロシアの同種の衛星を含めて、地球全体を対象とする測位システム全体を「全地球航法衛星システム」（Global Navigation Satellite System(s)）のことをGNSS、受信機のことをGNSS受信機（測量機）などと呼ぶ。GPSはGNSSの一種だと理解しているだけで、ちょっと知ったかぶりができる。

に対して少し傾きをもっていることも覚えておきましょう。

　地球は大きな棒磁石のようなもので、地球上でコンパスを使用するとその針は、両極に収束する子午線方向(真北、真南)を向くのではなく、棒磁石のN極、S極にあたる、「磁北(北磁極)」「磁南(南磁極)」方向を指します。この差が磁針偏差(磁気偏角)です。

　2005年の時点で北磁極は、北極点から少し離れた北緯80度(北緯82.7度、西経114.4度)にありました。同じように南磁極は南緯80度付近にありました。

　コンパスの針はこの両磁極で収束する磁力方向を指しますが、その磁力方向は地殻を構成する物質の影響などを受け、局所変化もするので単純ではありません。

　このように地球の回転軸(地軸:北極、南極)方向である真北・真南と、コンパスの指す磁北・磁南には違いがあります。地形図には「磁針方位は西偏約〇度」のように、地形図に含まれる範囲を代表する地点の、真北に対する磁針偏差の値が記入されています。

　また、図2-8-3aには「北磁極(2007年)」とあるように、磁極の位置は年数を経ると変化します。もちろん、磁針偏差も変化するということです。ちなみに、伊能忠敬の時代(1800年ごろ)の日本の磁針偏差は、ほとんどゼロで、それ以前には東偏を示していたことがわかっています(図2-8-3b)。

　実際には、あらかじめ国土地理院の「磁気偏角一覧図」(図2-8-3c)や地形図図郭外の「整飾」から得られた、真北方向から磁針偏差分だけ傾いた磁北方向を示す線を地形図に引いておくと便利です。

　たとえば「磁針方位は西偏約7度10分」とあったとすると、地形図の縦の図郭線(真北方向)を基準に、7度10分だけ西側(左に)

傾いた線を引いておき、この線とコンパスの示す磁石北が一致するように地形図を回転させれば、整置はおしまいです。

　また、最近のコンパスには、定規（コンパスの側面）に対して目盛盤が回転する仕組みがありますから、地図に正しい縦線（真北方向）を引いておけば、傾いた線を引いておかなくても使えます。あらかじめ、コンパスの定規から目盛盤を7度10分だけ傾けておき、この目盛盤のN方向と磁北方向を一致させたときに定規と地図の縦線が一致するように地図を回転・整置させて使用します（図2-8-3g）。

　とはいえやはり、最終的には特徴的なランドマークや山頂などを使って点検するといいでしょう。もちろんコンパスを利用すれば、目の前にある山がどのような方位にあるか、西北西はどの方向になるかなどがわかり、この先のナビゲーションに役立ちます。

　市区町村などが作成した2,500分の1地形図などを使用する場合には、ほかにも注意が必要です。同図は2万5千分の1地形図と同じUTM図法を使用していますが、1つの座標系の適用範囲を狭くした平面直角座標（系）を使用しています。作成される地形図は、（等辺な四角形の）距離の方眼で区切られ、地図の上（縦線方向）は、座標北と呼ばれる座標軸の方向を示していて、座標系原点を通る子午線上以外では真北と一致しません。

　座標北（X軸）、真北、磁北の関係は、地図の余白に表記されていますから、大縮尺図を実際の風景の向きと厳密に一致させる場合は、この磁北方向の数値を使用してコンパスと一致させます。

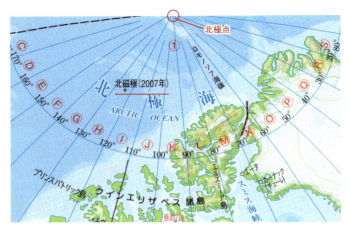

図2-8-3a 北磁極(2007年)の位置
出典:『新詳高等地図 初訂版』(p.61)帝国書院編集部/編(帝国書院、2010年)

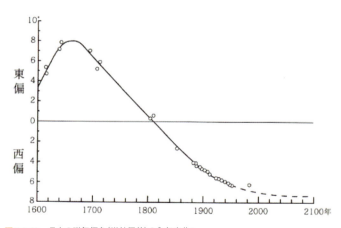

図2-8-3b 日本の磁気偏角(磁針偏差)の永年変化[※]
出典:国土地理院
※ 年周変化より長期の変化

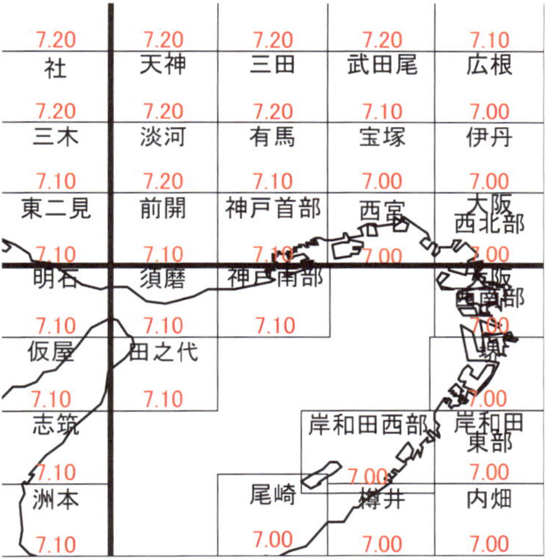

図2-8-3c 日本の磁気偏角（磁針偏差）一覧図（部分）
出典：国土地理院

## もっと簡単な地図の整置方法

次ページの図2-8-3dを見てください。住所や交差点名などからC地点で地表に串刺しした地図（図2-8-3d）の方向を、実際の風景の向きと一致させる方法ですが、市街地とその近郊などの場面なら、地図と対比できるランドマークが多くありますから、コンパスに代えてランドマークを使えます。

この例では、図2-8-3dを図2-8-3eのように通りの方向（C-B）と一致するように地図を回転させるだけのことです。これで北を上につくられた地図は、おおむね北を向きます。街中で地図を広げている人を多く見かけても、コンパス（方位磁石）を使用している人に出会わないのはこのためです。

私たちは「頭脳の地図」を含め手元の地図の回転を止めるために、知らず知らずのうちに、ランドマーク（A、B、D）を利用して後方交会法を使用しているのです。

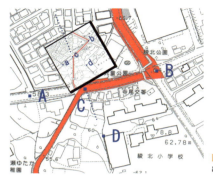

図2-8-3d　C地点で地図を地表に串刺しにします

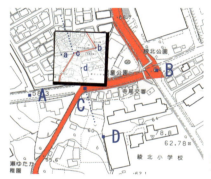

図2-8-3e　道路というランドマークを使って地図の回転を止めます

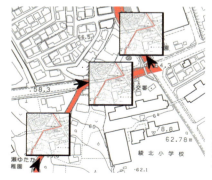

図2-8-3f　以上のような操作を繰り返しながら進みます。そのとき、立ち位置(黒矢印)に対して地図は回転しています

図2-8-3g 地形図に、あらかじめ磁針偏差を示す線を引いておくと便利

**街中で人ナビする**

　地図の整置が終わったら、いよいよ街歩きの開始です。出発点で地表に串刺しされ、地上の風景と方向が一致して回転を止められた（整置された）地図のもと、地表と関連づけられた「地図と地上の風景との関係」をどこまでも維持しながら移動します。

　ここでどこまでも維持するのは、「地図と地上の風景との関係」であって、「地図と体との位置関係」ではありません。体（黒矢印）との関係でいえば、図2-8-3fのように立ち位置に対して地図は回っていますが、回転を止められた地図は地上風景と一体になったまま進みます。地図をじょうずに使う人は、ごく自然にしていることです。

　スタート地点が地図上で明らかになり、地図が整置できたら、次は中間地点や目的地も図上で明らかにして、そこまでの図上距離を「図上1cmだから、縮尺倍して2.5kmほど先だ」などとして距離を知り、行動します。方向は、「○○通りを△△駅方向へ進む」「○○通りを西へ進む」などとします。

教科書どおりなら、こうして方向と距離を知って行動しますが、どれだけの距離を進んだかの確認は、どうすればいいのでしょうか？　前にも書きましたが、カーナビでは車輪の回転数などによって距離を知ることもできますが、これにならって街歩きで伊能忠敬のような歩測をする人はいないでしょう。ましてや、ものさしを持参する人もいません。万歩計を使用する人ならいるかもしれませんが……。

　図上で概ねの距離を知ることや、歩いた距離を知ることは不必要だとはいいませんが、中間地点や目的地を「500mほど先のY字路交差点」「大きな通りの交差点を2つ進んだ先の、Y字形の交差点」「郵便局の先の交差点を右に進む」などとして、**特徴点・特異点を目標にして進むのがいい**でしょう。

　現地と地図の縮尺や内容にもよりますが、方向についても、「南東へ進む」とするよりは、「○○通りを△△駅方向へ進む」とすればいいでしょう。迷ったときは、出発地点でした地図を地上に串刺しにし、回転を止める操作をします。街中での人ナビは、このように行います。

## ❹→ 野山で「人ナビ」する

　野山歩きでの「人ナビ」にも大きな違いはありません。山頂を目指すだけのハイカーだとしても「ハイキング道の入り口から5kmほど先にある○○山へ向かう」ということだけを目標にしてはいけません。5kmもある道行ですから、街歩きでおすすめスポットを探すように、**事前にも、現地でも、地図を広げて要所を確認しつつ進みます**。通過する道路の主要な分岐点を確認しておくことはもちろん、川を渡るところ、尾根道から離れるところ、峠や山頂などを通過するところなどです。

そして、出発点で地図を地表に串刺しにし、その回転を止めて(整置して)から行動を始めます。これは街歩きと同じです。ただし、中間地点や目的地の把握や道路の分岐は当然として、前述のような送電線の通過位置、等高線や植生なども使ってしっかりと地図を読みます。

　そして次の目標地点を「林の中にある、つづら折りになった上り坂の徒歩道を1kmほど進んだ、峠にある分岐点を右に曲がる」、あるいは「畑のなかを通る道路を北へと進み、川を渡ったすぐ先の分岐点にある徒歩道を右に曲がる」など、複合的な情報とします。なぜなら徒歩道などに改廃があっても、かならずしも使用する地図に反映されているとはかぎらないからです。

　さらに、行動する側が現地風景を見落とすこともあります。これらは街歩きでも同じですが、野山歩きでは迷ったとき、間違ったときの対応が格段に難しくなるので、目標地点をたんに「次の分岐点を右に曲がる」とかだけにしないで、情報をより確かなものにします。「峠にある」「川(谷)を渡ったすぐ先の」という、経年変化することのない情報を大切にします。

　そのことで、峠の手前に分岐点が出現すれば地図を広げて検討できますし、到着した峠に分岐する道がないときもコンパスを取りだして確認できるでしょう。畑の中の道路には、分岐点が複数あるかもしれませんが、「川(谷)を渡るまでは右へ曲がらない」などのようにポイントを押さえて行動すると間違いが減ります。

　このような簡単な事例でも「林」「峠」「上り坂」「畑」「川(谷)」「徒歩道」「分岐点」といった語句がでてきたように、街歩きに比べて、野山歩きでは、地図からそれらを理解するために必要な関連知識と「地図読み力」が要求されます。

　ここで、野山歩きに関連した問題です。

● 問題①

　図2-8-4bのA地点からB地点へと進もうとして左折して、しばらく進みましたが、現在地点を見失いました。写真（図2-8-4a）は現在いる場所から小さな交差点方向を写したものです。いまいる場所は❶、❷、❸のどこでしょう？

図2-8-4a　現在の風景

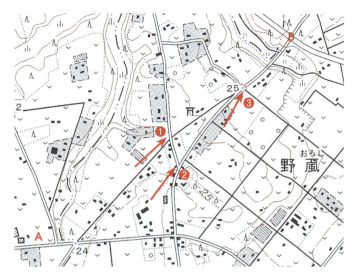

図2-8-4b ❶❷❸のどこにいる?
2万5千分の1地形図「牛久」

正解は❸の地点です。❶の地点は、交差点の形がほぼ十字路で、直進方向の左は畑、さらに先には神社が見えるはずです。❷の地点なら交差点の形はY字形で、その左右に住宅があり、直進方向の道左は畑、右に「樹木に囲まれた居住地」が見えるはずです。❸の地点は、交差点の形は十字路で、直進方向左手は畑、右は住宅が続き、正面には左右につらなる林が見えるはずです。

●問題②

　図2-8-4cのA、B、C地点のうち峠(鞍部)となるのはどこでしょうか。

図2-8-4c　峠(鞍部)はどこか?
2万5千分の1地形図「石谷」

**正解はA地点**です。峠は鞍部ともいい、馬の背中の鞍を載せる場所のような地形のところです。B地点の北には、等高線数値700mと標高点654mがあり、その間にある等高線が平行に並んでB地点方向へ延びていることから、ここは谷を上下する坂道の途中です。C地点の左には774mの頂に連なる尾根があり、右には標高600mのB地点へと下る道を見る斜面にあります。A地点（等高線を読むと約720m）は、左右に横切る道ではてっぺんにあたり、これに交叉する上下の尾根にはそれぞれ750mの計曲線があって、A地点はもっとも低いところになっています。まさに鞍部（峠）です。

図2-8-4d　馬の鞍部

第 **3** 章

# 地形図をもち歩きながら読む技術

ここまで地形図の読図方法を解説してきましたが、この章では実際に地形図をもち歩いて読図する技術を、具体例とともに解説します。地形図を使いながら、都市で昔の川や町並みの痕跡を探したり、里山やちょっとした野山を快適に歩いたりするための技術を身につけましょう。

## 3-1 川跡探しをする〜弦巻川跡を探す

　最初は、川跡探しをします。

　都会の街歩きには、1万分の1地形図が有効です。弦巻川跡歩きには、1万分の1地形図「池袋」を用意します(図3-1a)。1万分の1地形図は、全国の主要都市について整備されていて、維持管理は十分ではありませんが、食べ歩きやショッピングを楽しむわけではないので、少し古い地図でも差し支えありません。

　蛇行跡などをたどり、道の縁に残されているかつて河川の縁にあった石積みや、片方だけ残った橋の親柱といった川跡の痕跡を探し歩くのは楽しいものです。

　大都会では市街化が際限なく進行して、宅地に適した台地はもちろんのこと、谷間に広がる狭い平地ばかりか、海岸近くの低湿地さえも開発しつくされています。谷間を流れる河川も例外ではありません。かつての水流は地下暗渠となり、その周辺を含めた河川敷は、その形を多少残したまま道路や緑道になっています。

　このため、事前調査なしででかけても目的を達成できませんし、楽しみも半減してしまいます。ですから机上で、かつての河川流路などを調査してからでかけます。ということで川跡探しをする街歩きは、使用する地図を用意し、古地図そのほかの資料をもとに谷を探すことから始まります。

　川跡探しにかぎらず、昔探しの散策に有効なのが古地図、旧版地図、空中写真です。東京の川歩きなら参考図書も発行されていますから、これも参考にします。川筋を知るには、等高線をもとに谷を読めばいいのですが、都会の等高線は建物や道路、擁

図3-1a 等高線をなぞった地図（東京都豊島区・文京区）。等高線が指の先のようになった谷をつないで、弦巻川の流れ（水色）を再現してみました。なお、池袋駅東口近くの谷は明らかになりません　　　　　1万分の1地形図「池袋」

図3-1b　地理院地図（色別標高図）

壁といった地物と重複して省略されています。色鉛筆を片手にこれをつなぐ作業は、要領がわかるとちょっと楽しいものなのですが、高い「地図読み力」が必要です。

　多色刷の江戸切絵図なら、水色に塗られた川筋はすぐにわかるでしょう。しかし切絵図に残された姿形は、現在とはかけ離れていますし、地図そのものの変形もありますから、これも現在の地図との対比にはかなりの熟練が必要です。

　もう少し容易に河川跡をたどるために参考になるのは、旧版地図や昭和20年代に撮影された俗称「米軍の写真」、あるいはそれ以降に撮られた空中写真などでしょう。デジタル標高データと同データから作成した地形図（図3-1b）もあります。なかでも、国土地理院が明治〜昭和期に発行した旧版地図は初心者の力になります。黒1色なので、川筋をたどるのがやや難しいのですが、いつものように上流から見て等高線がV字形になった谷をたどるという原則と、小河川は毛糸をほぐしたような「解糸状（かいしじょう）」に表現されることなどに注意すれば、どうにか読み取れるはずです（図3-1c）。

　そして、武蔵野台地の東の縁に位置する東京周辺の河川は、おおむね北西から南東へと流れて東京湾へと注ぎます。そのようなことを頭に入れておくのも川跡探しのコツです。池袋周辺からの流れは、雑司が谷、護国寺を経て、その南を流れる神田川へと流れ落ちているはずです。

　これらの資料から得られたおおよその川筋を、現在の地図に書き込み、あるいは重ね合わせたものをベースにして、そのほかの情報を収集します。

**地名**

　東京「池袋」をはじめとした弦巻川跡にかかる地名については、

『角川日本地名大辞典』(角川書店)などで調べるといいでしょう。もっとおおまかな地名なら、『コンサイス日本地名辞典』(三省堂)といったものもあります。また、江戸のようすや当時の地名なら、『遊歴雑記』(東洋文庫)、『江戸名所図会』(角川書店など)といったものも参考になります。

『江戸名所図会』には、「古くは布引川と唱へけるといひ伝ひけれども、共にその由縁をしらず。水源は池谷の辺に発し、下流は清土の辺に出て、音羽町の西の方を歴て江戸川に会せり」とあって、古くは布引川と呼んだ弦巻川は、「池谷(現豊島区南池袋)」から始まって、「清土(現文京区目白台)」、「音羽町(現文京区音羽町)」を経て江戸川に流れていたようです。

　地図をもとに計画ルートを決めて、「電子国土ポータル」などで各ポイント間の距離を調べます。池袋駅(標高30m)から鬼子母神まで1.7km、鬼子母神から護国寺まで1.5km、護国寺から江戸川橋駅(標高5m)まで1.4kmです。全行程で4.6km、傾斜は一様な下りで、比高差はわずか25mです。

　こうした情報をもとに、地図から地名をたどり、道路の形に目をやりながら地図を回して歩き、川跡探しをします。

　河川跡には、蛇行を表現した路地が残り、あるいは緑道公園などとして痕跡をとどめることもあり、しばしば行政界として地図にも残っていますから、等高線などから明らかになったおおよその谷筋とともに、これらを注意深く読んで予想を立てながら歩きます。

　池袋駅西口で鉄道や建物を用いて地図を整置したのちは、通り名称を示す案内標識や、町丁名と住居番号を示す街区表示板などを頼りに進みます。たとえ、道に迷ったとしても、これだけの都会ですから心配はいりません。特に山手線の内側に入ってか

らは、台地から谷へと道を取りますから、少し寄り道をしても尾根の向こうへ進まないかぎり、低いほうへと道を進むことを心がければ、いずれ神田川にでます。

池袋西口にある元池袋史跡公園の水源となった丸池跡碑から、JR線と西武鉄道線路に挟まれた道路にでると、壁面に描かれた

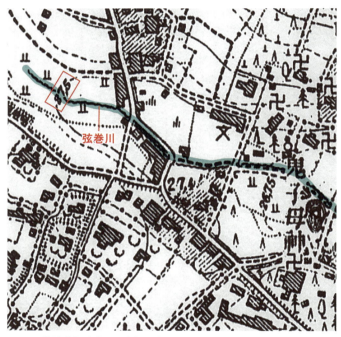

図3-1c 「解糸状」に表現された弦巻川。左上の27.5とある辺り
1万分の1地形図「早稲田」(1909年)

弦巻川のイラストが迎えてくれます。西武線をくぐり、鬼子母神に寄り道し、蛇行を表現した道を探しながら弦巻通りへとでる道筋には橋跡の碑があり、うねった区界をたどると、かつての川岸の小さな石積みや古井戸にも出合えます（図3-1d）。護国寺から先は音羽通東側の崖下（はけ）をたどれば、明らかな川筋が発見できます。

図3-1d　蛇行した赤線は河川跡（正確には赤線のすぐ下）。区界（茶色の2点鎖（さ）線）や擁壁としてその面影を残している
1万分の1地形図「池袋」

## 3-2 昔探しをする ～人形町の昔を探す～

　こんどは、東京人形町で昔を探します。やはり事前調査をしてからでかけます。この地域は太平洋戦争後に撮影された空中写真で明らかなように、昔の街並みの多くは戦災によって失われています。また、各時期の地図を比較するまでもなく、都市開発が大きく進展して、江戸期の名残りどころか、明治・大正期の姿も期待できそうにありません。

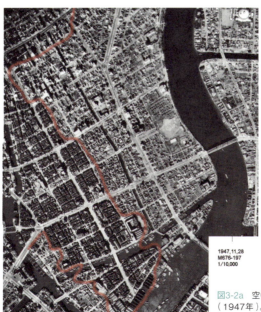

1947.11.28
M676-197
1/10,000

図3-2a　空中写真で見る人形町（1947年）。色調の異なる朱線の左側は、戦災による焼失を逃れた部分

地形図をもち歩きながら読む技術　第3章

この辺りに遊郭があった

家紋が記入されたところが主要な大名屋敷

図3-2b　江戸期の人形町。『安政六年（1859年）日本橋北神田両国濱町繪圖』『嘉永・慶應　江戸切絵図』（人文社）

図3-2c　明治期の人形町　　　　　　　　　　1万分の1地形図「日本橋」（1909年）

図3-2d　現在の人形町（東京都中央区）
1万分の1地形図「日本橋」（1999年）

　それでも、各時代の地図を対比し、地図全体を概観すると、地域全体の姿形や道路網に大きな変化はないことがわかります。さらに目を凝らすと、江戸期の川は埋め立てられていますが、寺社はそのままの位置に残っていることがわかります。

　そこで、江戸期の川（跡）が現在どのように変化しているか、明治期の地図に見える主要構造物（公共建物、明治座・真砂座、遊郭）などが、どのように利用されているかを探るため、過去の情報を重ね合わせるか、それらの位置を現在の地図に記入します。そして、いまもほぼそのままの位置に残っている寺社との関係から「当時の川や堀の跡は、大名屋敷の跡は、寺社はいまどうなっているか」と地図に問いながら現地を訪ねます。

こうした街歩きでは、「こことここをめぐる」程度の大ざっぱな計画ルートを決めて距離を把握したのちは、時間の許す範囲で自由に歩き回るのがいいでしょう。

　また前節「弦巻川跡を探す」でもそうでしたが、都会の街歩きで「人ナビ」に役立つのは、主要な建物や通りの名称を示す案内板です。これさえあれば、地図の整置は簡単です。

　さらに住宅の角や電柱などに住所を示す町名と住居番号を示す街区表示板などがありますから、交差点でこれを探して、地図に記入された町丁名と対照し、地図を回せば、すぐに地図の整置ができるはずです（1万分の1地形図には、主要な通り名称のほか、町丁名と地番あるいは街区番号の記載がありますから、都市の街歩きに便利です）。

　それでも迷ったら、目的地を明確にして人に聞くことです。

　さて、実際の人形町ですが、多くの寺社は明治期のまま残っています。東堀留川跡（図3-2dの左）をまたぐように建つ日本橋保健所は、その水路跡が建物の1階部分を分ける通行路になって興味深いものです。浜町川跡（図3-2dの上から右下）の南は緑道公園、久松警察署の北には狭い通りに背を向けたビルが建ち並んで、その通りが川跡であったことを示しています。遊郭跡に近い竈河岸跡の狭い通りを進んだあたりは、当時の面影を残すように料亭が並んでいます。そして主要な大名屋敷跡の多くは、学校などの公共施設になっています。

　地図読みとは直接関係しませんが、そして人形町の街歩きだけにかぎったことではありませんが、こうした街歩きやハイキングの参考になるのが観光パンフレットや地図です。観光地の要所や目的の駅に着いたら、観光案内所などを探してこれらを入手するのを習慣にしてしまいましょう。

159

# 3-3 里山歩きをする ～大山千枚田を歩く

　次は、里山歩きをします。図3-3aは房総旧長柄町の大山千枚田付近です。外房線鴨川駅で、パンフレットなどを入手してからバスに乗り、大山不動尊入口バス停で下車して「大山千枚田」へ

図3-3a　大山千枚田(千葉県鴨川市)。ピンクの線は峠越えとなる尾根

向かい、松尾寺集落の「みんなみの里」まで歩きます。

　もちろん、事前に地図や関連情報を入手し、地図にルートを書き込んででかけます。里山歩きにかぎらず、地図を有効に利用

図3-3b　断面図　　　　　　　　　　　　　　　　　　　　　　出典：ルートラボ

2万5千分の1地形図「金束」「鴨川」

するにはコピーを用意して、それに書き込むといいでしょう。

　資料をもとに計画ルートを決めたのち、全体の距離と比高差を把握します。延べ距離は9.3km、最大比高差は175mです。途中の上り下りを考慮して予定到着時間などの計画を立てますが、このコースは「標高点・235」地点までが上り、それ以降は下りで、途中の上り下りはほとんどありません。

　さて、バス停❶を下りたらすぐに地図を整置します。地図を見ると県道が東西に走り、目的の道は南へ分岐して、それぞれがT字形に配置されていますから、バスの進行方向、あるいは東西方向をまったく逆にしなければ、整置は簡単です。

　バス停の標高が約60m（近くにある水準点が68.4m）で、不動尊裏の山頂が218.9m（三角点）と、この間にさえぎるものはないので、ここから最初の目的地である不動尊の森が見えるはずです。

　すぐに橋を渡り、1車線幅の上り道を800mほど進み、しだいに急坂になると「樹木に囲まれた居住地」記号のある「大山」集落❷が始まって、道は大きく右手（西）に曲がるはずです。その辺りまでは地図を広げなくてもだいじょうぶでしょう。

　その後、地図をよく見ると、車道から少し外れたところに、不動尊へ直登する石段❸がありますからこれを利用します（石段は、現地では傷みが激しいので注意が必要です）。石段の先にある不動尊❹をゆっくり見学して、1車線の道へ戻り右手にでます。次のポイント❺を地図で確認します。このように地図から主要な確認ポイントを見つけて行動することが大切です。

　確認ポイントとなるのは、ビュースポットなどの経過地や道路の分岐点・交差点、山の頂上や峠、森に入る地点など風景の大きく変わるところです。また、道行の不安を取り除くためには、ポイントまでの地形や風景を予想しておくことも必要です。「こ

の先は、右に大きく曲がる」とか、「急坂を上ってから、そのあとは緩やかに下る」「しばらく畑の中を進む」といったことです。

さて、1車線の道をそのまま進むとY字路にでますから❺、これを左手に進みます。すぐに小さな尾根を越えるでしょう。これまでは左手に谷を見ていましたが、尾根を越えてからは、右手に谷を見ます❻。T字路にでて左に進む辺りは「小金」の集落です❼。左にお寺があって、右へとカーブした先にあるY字路をさらに右に進むと、左手下に「大山千枚田」の棚田の風景が広がるはずですから、ここで大休憩します❽。

その後、道は「・162（m）」からY字路を左へ入って、小型自動車道を進み「・199（m）」❾へ到達します。この間はずっと上りです。「・199（m）」地点は、図3-3cでは5叉路になっていますが、実際は微妙なずれがあって、図3-3dのようにさらに複雑になっています。折り返すように左へと進めばいいので、地図で見るほど難しくはないでしょう。地図は、地上の風景を縮めたものですから、このようなことは起こり得ます。

現場で不安になったらコンパスを取りだします。コンパスの北と地図の上を一致させたあとは、地図の縮尺を考えながら交差点に注目して対処します。目的の道は東に進む道です。

さて、棚田が発達しているということは、地すべり（地形）地帯です。今回の里山道歩きには直接関係しませんが、地図を広げると、教科書にある「尾根の等高線は丸みをおびてU字形、谷の等高線は浸食を受けてV字形」にならない箇所が多く見られるでしょう。こうした地域では、等高線の曲率だけで判断すると、尾根と谷を見誤ります（図3-3e）。

「・199（m）」の次のポイントとなる「大田代」集落のY字路❿付近には250（m）の等高線があり、このコースの最高所です。

図3-3c 地形図の「・199（m）」ポイント周辺。地図縮尺を考慮すると、これから進む道は、ほぼ東へ折れたのちに東南へと進むはずと読まなければいけません
2万5千分の1地形図「金束」

図3-3d 実際の「・199（m）」ポイント周辺。現地に行くと実はこのような交差点の形状になっています

図3-3e 尾根と谷がわからない地すべり地帯などでは、等高線数値を注意深く読む必要があります。等高線の形だけでは、どちらが高いかわからないからです。水色の部分に分水界があって、降水はここを境に左右に流れるはず
2万5千分の1地形図「金束」

こののちは、近くに鉱泉があるという「元名」の集落を抜けて、小さな峠の先にある交差点まで1.8kmほど⓫、ずっと道なりです。しかも終点まで単調な下りの連続ですから、この先で道を間違う心配はほとんどありません。

　峠の手前からは、このコースではめずらしい森の中の道を進んで、ヘアピンカーブ⓬、峠から1.8kmほどの距離になる鎮守の森があるかもしれない神社の脇を抜け⓭、バスが通る県道へでます⓮。集落の建物や旧道などに目をやりながら進み、松尾寺集落東の十字路を右に折れて⓯、国道わきにある「みんなみの里」で終わります⓰。

　地図に示されたポイントの配置でもわかるように、このコースでは随所に集落があり、道の分岐が多い前半に注意が必要です。後半は、分岐の少ないほぼ1車線幅の道ですから、迷うことは少ないのですが、集落がないので、迷ったときに人に訊ねることはできません。

　この程度の里山歩きで、しかも自動車道を利用したものなら、コンパスなどを用意するよりは、事前の地図読みをしっかりします。このコースでは、もしも迷っても「決して、徒歩道路に入らない。自動車道路を進行方向の左手へ、あるいは谷のほうへ下りるとかならず県道にでる」ことを頭に入れておけば十分でしょう。

# 3-4 野山歩きをする ～小田原の不動山に登る～

里山歩きの次は、野山歩きをします。

東海道線国府津駅から山から山へ歩き、不動山から下曽我駅へと向かいます。図3-4aは、その道筋の残された「遊歩規程標石※」という測量に使った石を訪ねる野山歩きルート図なのですが、それは遊歩規程標石に対する知識や情報が必要ですから、未経験者は近くにある三角点をたどります。

遊歩規程標石の残存が確認されている「遊歩規程標石46」と記入のある「無名山」（四等三角点「藤原台」）、同じく「遊歩規程標石45」のある「高山（246.1m）」（三等三角点「曽我山」）、そして「遊歩規程標石44」のある「不動山（327.7m）」の3つの山頂を訪ねます。やはり資料をもとに計画ルートを決めて、全体の距離を把握します。

おもなポイントまでの延べ距離と標高は、国府津駅（0.0km、20m）、高山（4.9km、246.1m）、六本松（6.2km、200m）、不動山（7.5km、327.7m）、下曽我駅（11.4km、25m）です。

比高差は300mほどです。途中に多少の上り下りもありますが、最高所は後半ですから、これを加味して予定到着時間などの計画を立てます。

※幕末・明治初期、在日外国人はその行動範囲を「横浜から10里以内」に制限されていた。ところがこれに対して彼らは、決められた「酒匂川岸の10里地点は正しくない」のではないかとクレームをつけた。在日外国人らが執拗な抗議を受けた明治政府は、朝議の結果、実測して確かめることにした。これを受けて、内務省地理寮が測量をして、その距離を確かめた当時の測量標石が「遊歩規程標石」である。ちなみにその結果は、酒匂川よりも横浜に近い東梅沢付近で、ここが新たな10里地点になった。

## 北へでる道がない!?

観光案内所などで地図を手に入れてから、国府津駅から北へでて、無名山へ向かいます。ところが国府津駅に北口はなく、地

図には北へでる道もありません。駅のすぐ北にこれだけの住宅があって、通路がないはずはありません。国府津のことだけにかぎらず、このような場合には「道があるのではないか」と予想を立てるのも、地図の検査者や地図の読み手の技として必要です。実際には、駅裏へ通じる地下道があって、これを通って北へとでます❶。

駅をでてから東へ進み、上りに入るところまでは、地図の整置などというおおげさなことをしなくても間違わないでしょう。鉄道の上り（東京）方向がわかり、海が、山がどちらにあるかを知れば、風景と地図は一致するはずです。

駅から500mほど先、お寺の屋根が見える辺りにある上り口に注意すれば問題ありません。そのあとは自動車道に沿って上ります❷。南前方に遮る山はまったくありませんから、振り返ると海や伊豆の島々が広がるはずです。

左右にミカン畑が広がるはずの道を右手に神社を見て進み、ほぼ頂上まで進んだところ、右手に徒歩道路が分岐するＹ字路まで上りつめます❸。そこは「・155m」地点を越えて、全コースの高低差の半分にもなりますから、ひと汗かくでしょう。

等高線が輪になったところがコブ（頂上）、目的の右折地点は、その手前です。上りきってしまってからでは違うＹ字路に入ってしまいますから注意が必要です。

頂上手前のＹ字路を右にとるのが「遊歩規程標石46」（あるいは三角点「藤原台」）への道です。等高線からわかるように、少し下ってから、また上る道を進みます。

「遊歩規程標石46」を探すには、少々藪こぎが必要になりますから、未経験者はそのまま道を直進して、三角点の案内書である『点の記』が入手できていれば、これをたよりに徒歩道の北にある標

図3-4a 小田原の不動山歩き（神奈川県小田原市・中井町） 2万5千分の1地形図「小田原北部」

地形図をもち歩きながら読む技術　第3章

図3-4b　断面図　　　　　　　　　　　　　　　　　　　　　出典：ルートラボ

高151.1mの三角点（「藤原台」）❹を見て戻ります。小さな三角点標石を見てから❸地点まで戻り、右手にでて、道なりに十字路まで進みます❺。その交差点の特徴をしっかりと読みます。自動車道路だけのことならT字路、その向こうにある徒歩道を含めると十字路になった交差点です。

いい確認ポイントを選定することが重要です。

次のポイントは2車線の道路トンネルの上を通過するところ❻で、そこまでは道なりです。等高線から読んだポイント❺の標高は170m、❻の標高は150m、この間の距離は指をV字形に広げて測ると4cmほどなので、約1,000mです。

左手に尾根を見るほぼ平坦な道ですから、小田原方向の海は見えないことが多いと思いますが、右手に二宮方向の町が見えるはずです。

新幹線のトンネル上を経て、2車線道路の上❻を通過したのちは、道は小型自動車道になります。ミカン畑の中の道ですから、作業する軽トラックが出入りできる程度の道幅でしょう。道なりに進みます。

この先で確認するのは送電線です❼。送電線の下を通過したら、てっぺんへ向かう道を探し（実際に道があります）、やはり「遊歩規程標石」か、三角点「曽我山」を目指します。

三角点はほぼ送電線下にあります。「遊歩規程標石45」は、同じ峰の左（西）のてっぺんにありますが、これも未経験者はパスして、もときた道へ戻ります。

下り道の交差路をすぐに右へと曲がってから、1車線に広がる道を六本松❽まで進みます。この間の距離も指を広げて測ると1,000mほど、標高差はわずかです（60mほど）。

　六本松は十字路です。「・六本松」は居住地名ではなく、この辺りを示す地名を表示したものですから、なにか目標となるものが残っているかもしれません。地形図に記念碑の記入はありませんが、鎌倉武士や旅人が通ったという六本松（跡）の峠には、立派な芭蕉の句碑があります。地名のいわれである六本松の古木は、残念ながら明治の終わりにすでに一生を終えたそうです。

　六本松を過ぎると、「不動山」までに残り半分の高さを登ります。森の中を進む道を1,300mほど進みます。送電線下を通過し❾、尾根を進む徒歩道をどこまでも進めば、てっぺんに達しますから安心です。ただし、山頂近くには尾根を避ける巻道（迂回路）がありますが、これを通らないことが肝心です。あくまでも尾根道を進みます。

　山頂には、「遊歩規程標石44」と三等三角点「長尾山」標石があるはずです（実際には「遊歩規程標石46」も三角点標石も、土に埋もれて使用不能です）。よく、三角点がある山だから展望がいいだろうと思う方がいますが、それは樹木が茂っていないときの話です。不動山の森は三角点が使用されていないこともあって、うっそうとしているはずです。

## 下山ルートは要確認！

　頂上に立ってひと休みしたら下山です。

　登山道とともに登山標識がしっかり整備されたところでは、標識に従えば問題は少ないでしょう。整備が行き届いていないコースでは、上ってきた道、下る道をしっかりと把握します。藪こぎ

をして上ってきた測量者なら、到着したとき、木の枝などに目印をします。頂上での作業後は、下山する方向が皆目見当がつかなくなるからです。そこまではしないにしても、展望が利かないような山頂では、コンパスを使用して地図を整置し、次のポイントを確認してから下山するぐらいの注意が必要です。

　そのあと、鞍のようになった地形が実感できるはずの峠の十字路まで下り❿、左折します。あとは分岐地点⓫まで道なりです。しかしこうしたミカン畑のなかには、地図にない徒歩道も多数存在しますから注意が必要です。

　しっかり整備されている道や（コース設定したような）谷へ下りない道を選びます。迷ったときには、戻る勇気が必要です。今回は地図を見るかぎり、分岐点では左右どちらにとっても到着点は同じのようです。尾根筋の送電線下を通過すれば⓬、正しいルートです。

　その後も道なりに下って集落が見えたら、T字路はすぐそこです⓭。1車線の道を右に折れて、お寺の屋根が見える辺りで左に折れますが、道なりのはずです。

　そのまま、2車線の道との交差点に出て右の道を直進すると下曽我駅前へとでるでしょう。不動山山頂から2kmの道のりですが、この間コンパスを使う必要はないはずです。

　集落に入ってから、計画にない宗我神社などに寄り道をしたときには注意が必要ですが、標高が下る方向へ向かえばかならず2車線の道が、さらに下れば御殿場線の線路があることを頭に入れておけばだいじょうぶです。

第 **4** 章

# 地形図から現地の風景に思いを馳せる技術

4,372枚にもおよぶ2万5千分の1地形図は、わが国の国土をもれなく正確に描ききっています。この章では全国各地の地形図を眺めながら、現地の風景に思いを馳せてみましょう。旧版地図を用いながら、その地域の地形や地物、地名の移り変わりを読み取って味わう技術も解説します。

# 4-1 半島を読む

## ❶→ 沈降した志摩半島

　これから紹介する地形図は、いずれも半島とその周辺のものです。ひと口に半島といっても、成り立ちの違いがあれば、それぞれ異なる風景を見せてくれます。

　三重県志摩市の英虞湾は、真珠の養殖で有名です。典型的なリアス式海岸としても知られています。複雑な海岸線は、海底が隆起したのち河川浸食などを受けて谷が発達し、そののち陸地が沈降あるいは海面が上昇したことによりできたものです（図

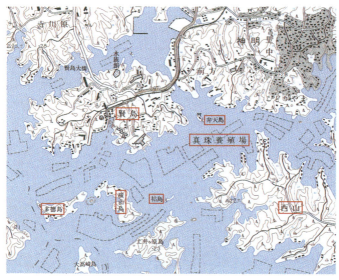

図4-1-1a　沈降リアス式海岸の志摩半島（三重県志摩市）　　2万5千分の1地形図「浜島」

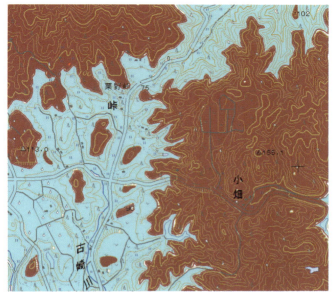

図4-1-1b 標高90m地点を海岸線としたらこうなります 2万5千分の1地形図「滝部」をもとに作図

4-1-1a)。その結果、谷はあたかも海水に溺れた様相となり、海岸線はノコギリの刃のように屈曲します。こうした地形をリアス式海岸と呼びます。

図4-1-1bは、現に河川浸食を受けた地域で標高90mまで海面が上昇したと仮定したときのようすを、等高線をたどって地図としたものです。この地図でもわかるように、小さな山頂が湾内に島となって海面に浮かびます。そして、土地の浸食度合いにもよりますが、切れ込んだ溺れ谷ほど海面下に深い谷を形づくります。

リアス式海岸は、深い入り江がつくる良港に恵まれるほか、狭い湾口が静かな海をつくり、注ぎ込む中小河川によって植物

性プランクトンが豊富となり、英虞湾のような真珠養殖だけでなく、ハマチなどの魚類、ワカメなどの海藻類など多様な養殖に適した海にもなります。図4-1-1aの海面に破線で示された特定地区界は、おおむね真珠の養殖いかだです。賢島、多徳島、横山島、枯島、弁天島に囲まれた海面の約20%が養殖いかだとして利用されています。

一方、全体がV字形をして次第に狭くなる湾の形は、そのまま陸地へと延長されますから、このような入り組んだ海岸に津波が襲来すると、それがたとえわずかな波高であっても、地形の影響を受けて、海水は湾奥に進むに従い、行き場を失うことで水位を上げ、さらに水圧によって谷壁をせり上がるなどして、被害を大きくします。

英虞湾観光のための鉄道交通は、近畿日本鉄道志摩線などがあって、観光客は不便を感じないでしょう。しかしたとえば賢島から、向かい側の半島にある西山集落まで、直線距離なら1.7kmほどですが、陸上道路を経由すると8kmにもなります。海面上昇を仮定した前ページの地図でも、容易にその困難さを感じ取れるはずです。このように海岸線が入り組んだリアス式海岸での陸上交通網は、その地形的特徴から整備効率も悪く、集落間の移動には船舶交通が主になることもしばしばで、産業振興にも影響を与えます。

賢島からの風景にかぎらず、この辺りの半島からの眺めは、点々と浮かぶ島影の中に養殖いかだが浮かび、その中を行きかうたくさんの船が目に入るはずです。

## ❷→ 隆起した室戸半島

図4-1-2aは、台風の常襲地帯として有名な高知県の室戸岬西

海岸です。この地の地図を広げると、等高線から特徴的な地形が見えるはずです。そのようすを誰にでも容易に判断できるように、等高線の間隔が広くなった(傾斜が緩やかになった)ところ(あるいは耕地として利用されている部分でもいい)を色区分するな

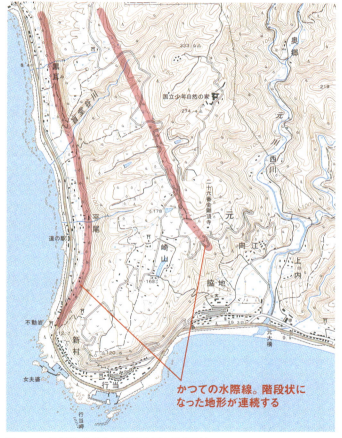

図4-1-2a　海岸(海成)段丘の室戸半島(高知県室戸市)　　2万5千分の1地形図「室戸岬」

どしてみます。

　そうすると、海岸線から階段状になった地形が連続するようすが明らかになるでしょう。海岸線に近い高まりとその先の平坦地、そこから続く急傾斜になった（段丘）崖と、やや平坦になった（段丘）面とからなる地形は、海岸段丘または海成段丘と呼ばれるものです。

　室戸岬の段丘面は、かつての海底部であり、段丘崖と接する角が水際線（汀線部：赤線）、段丘崖は波が打ち寄せていた海食崖にあたります。このような段丘面と段丘崖が階段状になっている海成段丘は、日本各地で見られます。

　室戸岬のように海成段丘が数段にもおよぶということは、数回の大きな隆起運動が起きたことを示しています。繰り返す隆起によって、かつての段丘面と段丘崖は順に高い位置へと移動し、低位置には新しい段丘面と段丘崖が形成されます。従って、高位置の段丘面と段丘崖ほど形成時期が古いことになります。

　室戸岬では、現在でも年数cmの単位で沈下し、大地震ののちにはm単位で隆起しています。実際、過去の大地震の際には、隆起によって港湾の利用に不便をきたしたといいます。こうした室戸岬付近の隆起は、現地の岩に付着した生物化石の調査などによっても詳細が明らかになっています。

　この地域も、一般的な半島の特徴を表現するように、鉄道は整備されていません。かつては、徳島県の牟岐駅から室戸岬を経て高知県の後免駅を結ぶ阿佐線の鉄道計画があったのですが、一部を除き未完成のままです。海岸線に沿った国道は整備されていますが、この完成も昭和に入ってからのことだといいます。

　農業や土地利用に注目すると、段丘崖がすぐそこまで迫った海岸線付近に耕作適地は少なく、比高差100mほどある段丘の上ま

で農地開発の手が伸びています。水利条件がよい海岸近くのわずかな平地ではおもに稲作が、対して水の確保が難しい段丘上ではおもに畑作が行われています。

漁業と漁港整備に目を向けると、リアス式海岸とは異なり、単調な海蝕崖が迫る海岸線は岩礁が多く、自然の港には恵まれません。ですが、辺りが好漁場として有望視されたのでしょう。岩礁開削などによって開発された大小の漁港が随所に見られます。

上位段丘面の畑地の最上部から海岸方向を見下すと、ごく平坦だったはずのかつての海底面が、その後の浸食によって随所に谷を刻み、緩やかな傾斜になって広がるようすが見えるでしょう。また、段丘崖の上、あるいは段丘崖がせまる海岸線に立てば、坂本竜馬や中岡慎太郎も見た大海原が視界全体に広がるはずです。

## ❸→ 海に沈む野付半島

野付(のつけ)半島(図4-1-3a)という地名は知らなくても、白地図を書こうとした折など、北海道の片隅に一風変わった海岸線があることを知った人は多いのではないでしょうか(どうも、これは道産子だけのことらしいですが……)。

野付半島は「えびの尻尾」のような、「えびが背を曲げた」ようなという言葉で説明されることが多い、変わった形をしています。私には「北海道という羽衣が松の枝に引っかかって裂けた傷」のように、あるいは「巨大な魔法使いの箒(ほうき)」のようにも見えます。

現地で目にする地形はさらにおもしろく、美しいものです。

10数kmにおよぶ砂嘴(さし)は延々と続き、陸地の幅が10mほどしかない部分に車道が伸びています。半島を形づくる砂嘴は、付近の海食崖などから運ばれた砂礫(されき)や、周辺の河川が運搬してきた砂礫が、沿岸流と波の作用によって積み上げられた州です。

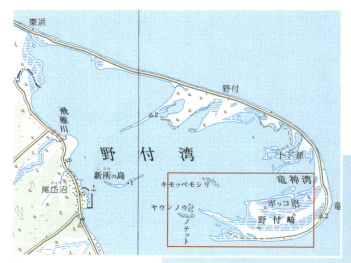

**図4-1-3a**
野付半島（北海道野付郡別海町）
20万分の1地勢図「標津」

**図4-1-3b** 野付崎
2万5千分の1地形図「野付崎」

これにより箒で掃いたような高まりと低湿地を交互につくりだしますが、その高まりは標高4mほどしかありません。砂嘴をつく

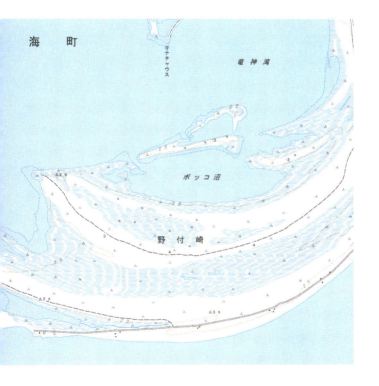

る動きは、盛衰を繰り返しながら現在も続いています。
　半島のなかほどには、海水の浸食と潮風の影響で朽ちたトドマ

ツが無惨に横たわるトドワラと呼ばれる地があります。厳しい冬に耐えて迎えた6月から先は、クロユリ、ハマナス、ヒオウギアヤメ、センダイハギ、ハクサンチドリなどの海浜植物や湿原の花が次々と咲き、訪れるものを圧倒します。

近年は砂の流出が激しく、砂の供給も減少しているようです。さらには、地球温暖化による海面上昇の影響もあるのでしょうか、砂州は年々狭まり、将来は「えびの尻尾」は海水で分断され、野付半島自体も消失するのではないかと危惧されています。

その野付半島の盛衰を思わせる出来事があります。

半島では、1774(安永3)年に、初めて和人による漁業が始まり、伊能忠敬が測量で北海道を訪れた翌年にあたる1801(寛政13)年ごろから漁場の開発が盛んになりました。文化、文政、天保年間(1804〜1843年)にはニシン漁などが最盛期を迎えて、半島の先端には「キラク」と呼ばれる歓楽街が存在しました。

1814(文化11)年ごろには、ここに交易などをする会所も設けられ、国後島や択捉島への日和待ちの港としても栄え、夏季には出稼ぎの漁師などで人口が800人を超すほどであったといいます。

その後、安政年間(1854〜1859年)に入ると漁は減り、航路や陸路も整備され、船の性能が改善されたことなどから漁業基地としても中継基地としての役割も他所に譲り、50戸以上もあったというキラクの街は、廃墟になるとともに、海中に没したといいます。ウエンベツと呼ばれる半島の最先端付近からは、しょうちゅう徳利、寛永通宝、三彩の破片、そして「JAPANSCHZOYA.」と書かれた瓶(醤油を入れたといわれる瓶)などの遺物が出土するそうです。ロマンあふれる物語を知って、現地を訪れるといいでしょう。

## 4-2 河川を読む

### ❶→ 原始のままに流れる風蓮川

　半島の次は、河川とその周辺を読みます。

　自然の成り行きにまかせた、人為の加わらない河川を原始河川といいます。図4-2-1aにある風蓮川周辺には、コンクリート構築物だけでなく、土が盛られた堤防の1つも見えません。しかし蛇行した河川の周辺は、上流から運搬した土砂がつくるわずかな高まりがあるはずです。

　一般に蛇行する曲線の外側となる場所では流れが急となるため水深が深く、対して内側となる場所は流れが遅いため土砂の堆積（微高地）が起きます。大縮尺の地図なら、これを詳細に読み取れるはずです。

　2万5千分の1地図のような中縮尺図でも、高まりを示すと思われる河川周辺の湿地の記号が途切れた辺りには、広葉樹の記号が点々と見えます。それは自然のままであることを特徴づける、日ざしを河川に届けるほどの林、疎林であることを予想させます。

　そして地図に見える通常時の川幅はごく狭いのですが、洪水時には周辺にある低湿地が遊水機能をはたすはずです。そうしたときには、湿地の終わり、農地の始まりとなる高まりの際まで水域が広がるのではないでしょうか？

　湿地内には、こうした手つかずの自然の風景に反するように、直線的な排水路がいくらか見えます。これと直接関連はしませんが、送電線はもちろん、隣り合う市町村の界を示す行政界の記号も含めて直線的で、いかにも人為的です。

標高10m、20mの辺りからは、(牧草)畑が始まり、台地の続くかぎりどこまでも広がっています。自然のままの河川が残っているからといって、人の手がまったく入っていない地というわけでもありません。台地上では、大規模な酪農が行われ、住宅と牧舎からなる酪農家(屋)の建物の大きさも感じられますが、建物の密度はきわめて疎です。

　日本一の生乳の生産量を誇る別海町の人口は約16,000人、人口密度は1平方kmあたり約12人ですが、人口の約7倍以上の牛が飼育されているそうです。

　地図には表現されませんが、野外放牧が行われる季節に撮られた空中写真には、乳牛たちが草を食む姿が写るはずです。

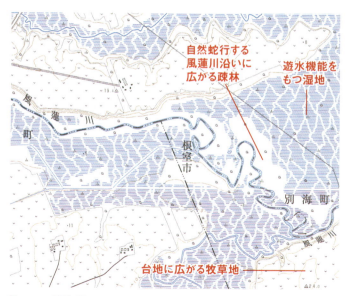

図4-2-1a　原始河川のままの風蓮川（北海道別海町・浜中町）。なお、ネットで参照できる地理院地図(電子国土Web)では、湿地記号がさらに簡略化された模様になっています
2万5千分の1地形図「奥行」「姉別」

さて、この地図に表現されている湿地の記号に違和感をもちませんでしたか？　本来湿地の記号は、その広がりの中を、水が不規則に流れる、あるいは水面に水草が漂うといったようすを、水色の短線を断続的に並べて表現します。たとえば、図4-2-1bの「雨竜沼湿原」のようにです。

図4-2-1aのような湿地の表現では、いかにも人の手が入ったふうに機械的で、迷い込んだら容易に抜けだせない、あるいは湿原の各所に池塘や浮島があるといった想像をかき立てる表現になっていません。本題とは離れますが、地図技術者の質の低下を端的に表しているのではないかと思います。

図4-2-1b　雨竜沼湿原（北海道雨竜町）　　　　2万5千分の1地形図「暑寒別岳」

## ❷→ 四万十川の河川蛇行とともに

風蓮川は、まさにヘビが水面を平然と泳ぐように蛇行していました。平野部の河川で、洪水のたびに流路の位置を変えられる

ような状態にある場合の蛇行を自由蛇行といいます。これに対して、山地や丘陵地などで蛇行した河川が深い河谷をつくっている場合を穿入蛇行と呼びます。もちろん、前述の風蓮川は自由蛇行、図4-2-2aの四万十川は穿入蛇行です。

穿入蛇行は、かつて平野上を自由蛇行していたような平らな地盤がなんらかの理由で隆起し、あるいは海水面が低下したことで相対的に隆起した状態になったのち、ほぼもとの蛇行形態を維持しながら、谷をさらに深く掘り込む作用（下刻）によって形成さ

図4-2-2a 谷間を蛇行する四万十川（高知県四万十市）
2万5千分の1地形図「江川崎」

れます。四万十川のほかにも、静岡の大井川、紀伊半島の熊野川、四国の吉野川、房総の養老川や、前に紹介した夷隅川など日本各地で見られます。

さて、清流で有名な四万十川ですが、大きく蛇行する河川周辺の交通路の確保には労苦と歴史が感じられます。従来は船や筏、そして蛇行に沿って大きく曲がる道と屈曲部をショートカットするように、峠を越える険しい道などを連ねるようにして確保された交通路を使用してきたはずです。

今成トンネルの南で川平と今成集落を結ぶ徒歩道は、その名残りかもしれません❶。その後は、中半家と峰半家集落を結ぶ峠越えの自動車道❷や、どこまでも河道に沿った自動車道❸が主要交通路でした。

そして現在は、鉄道も主要道路も、随所で屈曲部をトンネルでショートカットしながら、最短距離で隣接集落などへと向かっています❹。そうした集落のなかには「(中)半家」、そして「半家沈下橋」の文字が見えます。珍名としても有名な「半家」の由来は、この地に住み着いた平家の落人が源氏方の追討を逃れるために「平」の横線を移動させて「半」にしたためという説があります。本当は、どうなのでしょうか？

「大歩危・小歩危」のように、谷川の両岸が狭まっているところを「ホキ・ホケ・ハケ」などと呼びますから、前者の説には疑問が残ります。近くには「保喜」「大保木」地名もあって、地形との関連が正しいのではないかと思われます。

そして図の左にある(半家)沈下橋は、増水時に川に沈んでしまうように設計された欄干のない低い橋のことをいいます。同橋は、四万十川にかぎったものではなく、日本各地に見られますが、やはり山間地に集落が散在する四国地方に多く残っているよう

です。

　沈下橋の存在は、河川船舶交通の廃止を物語っています。この地では、地名も橋も交通も河川蛇行（地形）とともにあるようです。清流を訪ねる旅をしながら、地名や地形にも興味をもつと楽しさが倍加するかもしれません。

## ❸ 目の上を流れる草津川を読む

　草津川は琵琶湖に流下する延長わずか15kmほどの河川です。図4-2-3aの右下（東方向）から左やや上（西方向）へと流れるその流れに注目すると、いくつかの不思議な表現に気がつきます。

　草津川は、地図の右端で流路が2つに分かれています。三角州の発達する海岸付近ならまだしも、標高約100mの河川中流部で、しかも下流に向かって分流するのは、めずらしいことです。

　少し地図の範囲を広げるとわかるのですが、南側の流れは分流地点から6kmほど下流で水面標高85mの琵琶湖に注いでいます。

図4-2-3a　天井を流れる草津川（滋賀県草津市）　　　　　2万5千分の1地形図「草津」

南東部に広がる山地を源とする流れが、丘陵地を抜けて一気に琵琶湖に流れ込む扇状地で、河口付近なのに高低差は15mもあります。ここは、一般河川の三角州にあたる部分、そして南の流れは、河口に向けてつくられた洪水対策のための分水路と考えると違和感がありません。

　この分水路のやや北を流れる旧草津川と交差する交通網の地図表現に注目してみましょう。図の東南で高架になって通過する新幹線と旧草津川との交差は、高架下を川が流れて矛盾はありません。しかし網点で表現された国道1号線、さらに西を通る東海道線などとの交差は、おかしなことになっています。

　旧草津川の下を、国道と鉄道がトンネルで通過しています。しかも、それぞれが河川の下をトンネル通過するために深く掘り込んだようすはありません。さらに詳細に地図を見ると、草津川流路の周辺には、ケバと呼ばれる高まりを表現する記号があって、河川のほうが付近の地盤より高いことを示しています。

　地図読みの初心者には難解ですが、このことは等高線からも読み取れます。ふつうなら東草津三丁目辺りのように下流から上流に向かって、指を伸ばしたように表現される等高線があって、その先端をつなぐようにして河川流路が続くのですが、ここでは、等高線が描く指先は上流から下流に向かっていて、通常河川の流下形態とまったく逆です。河川が周辺地盤より高い場所を流下していることを示しています。

　これは天井川です。

　天井川とは、河川流路へ砂礫などの堆積が進行したことで、河床面が周辺地盤より高くなった河川のことをいいます。

　上流から運搬された土砂で流路内の堆積が進行すると、氾濫の危険が増すため、堤防のかさ上げをして流路を固定します。

周辺家屋や耕地を洪水から守るために、このかさ上げを何度も繰り返すと、河床が周辺の地盤より高くなり、天井川化が進行します。草津川は、その典型です。

その経過を示すように、古文書などからは、約200年前までは天井川ではなかったことが確認されているといいます。従って、そのあとに天井川化が急激に進行したのでしょう。そのため氾濫の危険性は解消されずに、2002年には旧草津川の南に水路（現在の草津川）が建設されたのです。分水路といったものではなく、新しい河川の建設です。

従って、北を流れる旧草津川は水流がない枯れ川状態で、地図に水色の表記がありません。河川としての役割を終えて、跡地の有効利用が検討されているようです。

また、この辺りは鈴鹿山系、水口丘陵などから琵琶湖に向けた扇状地が発達しているため、水流が砂礫層などの下を流れています。そのためこの分流地点より上流の草津川や支流の金勝川（いずれも図4-2-3aの右下）も、地図の上では水色の破線表記になっていて、枯れ川が多く存在するので、地図を読んだだけでは、旧草津川が廃川になっていることをすぐには見抜けないのです。

このように草津の人々は、川の流れを目の上の位置に感じてきたようです。その草津川は、琵琶湖河口から最上流までの標高差が約100m、河床勾配にすると1000分の6ほどの、日本の河川としては、標準的な勾配をもつ川です（図2-4-4b参照）。

ところで明治期に来日し、各地の治水工事などで活躍したオランダ人技師、ヨハネス・デ・レーケは、富山県の常願寺川を視察したとき、「これは川ではない、滝だ」といったという有名な話があります。オランダ国内でもっとも高い場所は、最南部リンブル

フ州ファールスにあるドイツ・ベルギーとの国境の辺りで、標高は322.7mだといいますから、比高差1,000m、2,000mから流下する日本の河川を見たときの、彼の言葉は当然のことです（図2-4-4b参照）。

　彼は、ごくふつうの勾配で流下する草津川を見たときにも驚いたのでしょう。そして、河川の流路を確保し整える低水工事により河川を治めることを理念としていた彼は、下流部への土砂流入を少なくしなければならないと考えました。草津川の上流には、デ・レーケの手になる「オランダ堰堤」が残されています。1889（明治22）年築造の割石を積んだ堰堤は、日本最古のものです。

# 4-3 海と湖を読む

## ❶→ 半島に3つの目潟を見る

半島、そして川の次は湖です。

日本には面積1km²以上の自然の湖沼が、約100カ所あるといいます。それぞれの湖沼は、その形だけでなく、生まれも育ちも違いがあるはずです。地図を広げて、特徴的な湖沼とその周辺を眺めてみます。

図4-3-1a　戸賀マール（秋田県男鹿市）　　　　　　　　2万5千分の1地形図「戸賀」

「なまはげ」で有名な男鹿半島の先端近くには、一ノ目潟、二ノ目潟、三ノ目潟と呼ばれる3つの湖があって、地図を広げると、口を広げた動物の目を感じさせます（図4-3-1a）。

一ノ目潟、二ノ目潟、三ノ目潟の順番で形成されたという3つの目潟は、マグマが水と接触して起こる激しい水蒸気爆発ののちに火口が地下水で満たされて湖となる、「マール（爆裂火口）」の典型として知られています。

このとき、火山活動で放出される火砕物と呼ばれる堆積物からなる火口を取り巻く丘はごく低いもので、傾斜も緩やかになるのが特徴です。同じようなマールとしては、三宅島の新澪池（東京都三宅村）、鰻池（鹿児島県指宿市）、山川湾（鹿児島県指宿市）などがあります。マールは、大規模な爆発の繰り返しと陥没により形成される阿蘇などのカルデラとは、規模と成因の点で異なります。

男鹿半島には、別名四ノ目潟もあります。それは、大きく広げた口のような形になった戸賀湾そのものです。もちろん火口を満たしているのは海水で、ここは噴出物が周囲に堆積した「タフリング」と呼ばれる火山であり、マールではありません。火山というと高山を想像しがちですが、海岸線に近いこんな場所にも存在しているのです。

この地形図では、湾内や湖内の等深線がありませんから水面下は明らかではありませんが、火口ならすり鉢状や漏斗状になっているのではないかと予想されます。円弧を描く湾に、一定の水深が確保されたすり鉢状などの海底が用意されているなら、自然港としての好条件を備えていますがどうなのでしょうか？

現在、港は湾入り口の南と北にあって、戸賀マールの外にある南の塩浜港は、海岸線付近に岩礁などもあって、天然の入り江を利用したもののように見えます。一方の北の戸賀港周辺は

砂浜の延長にあって、大きく埋め立てをしたようすが見えます。曲線が美しい湾奥には砂浜が見えますから、浅海なのでしょうか？地形図からだけでは、どうしても海底のことは不明です。

そこで、秋田県が作成した「戸賀港湾計画平面図」を参照します（図4-3-1b）。穏やかそうに見えた砂浜の海岸は、水遊びするにはかなり急な深みにはなっていますが、全体としてはおおむねすり鉢状をしていて、最深部でも18mほどしかありません。湾の南の入り口にある塩浜地区付近ならそれよりもやや急激に落ち込んでいて、船の出入りに適しています。一方、目潟のなかでもっとも深い一ノ目潟の水深は44.6mもあるといいます。

このように、陸の地形と水面下の地形を一体的に見ることで、沿岸海域の開発や利用のための有用な情報が得られます。後述する湖沼図とその情報もそのひとつですが、一部の沿岸と周辺の海域では、地形や地質、利用現況を網羅した「沿岸海域土地条件

図4-3-1b　戸賀港。右上が北　　6,000分の1「戸賀港湾計画平面図」（秋田県船川港湾事務所）

図」が整備されています。

　さて、現地を訪問して、南の塩浜集落と三ノ目潟との間にある小高い丘に立てば、2万年前にできたという三ノ目潟のマールと42万年前にできたという戸賀湾火口が左右に見えるはずです。

　ありきたりの展望台ではない、自分だけのポイントに立って、火口湖が誕生した昔のようすを想像するのもいいでしょう。

　なお、男鹿半島は火山噴火を何回も繰り返してできた成層火山の寒風山を含めた3タイプの火山が見られる場所として「男鹿半島・大潟ジオパーク」に認定されています。

## ❷→ カッパが棲んでいる沼を読む

　内水面（ないすいめん）には河川のほか、湖、沼、池があります。川はいいとして、湖、沼、池はどのように区分されるのでしょうか。厳密に区分するのは困難ですが、学問的には次のように整理されています。

「湖とは、水深が大きく、植物の繁茂が湖岸にかぎられ、中央の深いところには沈水植物を見ないもの。沼とは、湖より浅く、最深部まで沈水植物が繁茂するもの。池とは、湖や沼より小さなものをいい、特に人工的につくったもの」（湖沼学者、F・A・フォーレル）。

　ですが、ダムの貯水部分にも「○○湖」が使用されています。そして、カッパが棲みそうな「○○沼」は少なくなります。このような傾向になるのは、水辺を訪問する観光客のイメージを重視するからです。

　池についても、学術的な定義では、おおむね人工的で小さなものを呼ぶのですが、ときには「鰻池（うなぎいけ）」のように、自然のものでも、

図4-3-2a 日向湖(ひるがこ)(福井県美浜町)　　　2万5千分の1地形図「早瀬」

火口湖などの小さなものについて池と呼ぶことがあります。大きさを比較してみると、人工的な「満濃池」が1.4km²ですが、自然の「精進湖」が0.97km²、やはり自然の「涸沼」が8.6km²となって、一般の呼び名は湖水の大きさに依存していません。

　ということで、湖と沼といった内水面の呼び名は、学問的な決まりには従っていません。ですが、同じ水色で表現された水部が、発行される地図によって、○○池、○○沼のように異なる表

図4-3-2b　鰻池(鹿児島県指宿市)　　　　2万5千分の1地形図「開聞岳」

記になってしまっては混乱します。そこで、国土地理院では、おもな自然地名にかぎってですが、小縮尺地図への使用を目的とした自然地名を網羅した「主要自然地域名称図」を公表して、統一を図っています。

さて、ここにある地図は、それぞれ福井県三方五湖の日向湖(図4-3-2a)、鹿児島県指宿半島の鰻池(図4-3-2b)、そして北海道オホーツク沿岸のポロ沼(図4-3-2c)です。湖沼調査が行われて湖沼図が作成された地域の地形図には、等深線、水深、そして水面標高が表されていますから詳細な情報が読み取れます。

日向湖は、海面の上昇によって陸地に進入した海が、のちの

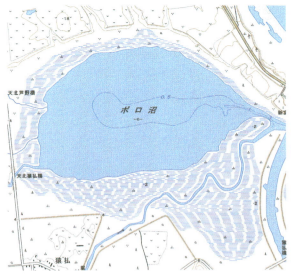

図4-3-2c　ポロ沼(北海道猿払村)　　2万5千分の1地形図「猿払」

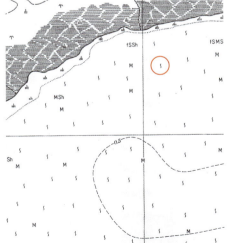

図4-3-2d
湖沼図に表現された沈水植物(水面に記入された縦長になったS字状の記号)の見えるポロ沼
(1万分の1湖沼図「ポロ沼」昭和62年測量)

海退にともなって取り残されてできました。海跡湖（かいせきこ）と呼ばれます。面積は0.9km²、水面標高は0m、水深は39mです。

　湖の北は日本海へ向かう口が常時開いた形になっていますし、地図を見ても周辺の尾根を連ねた流域面積はわずかで、河川の記入もなく、たとえ雨水が流入するとしてもごくわずかな量しか考えられません。当初は淡水と海水が入り混じる汽水湖だったかもしれませんが、現在はほぼ、海水状態です。それでも湖と呼ばれています。

　ちなみに、三方五湖中、最大の面積を誇る水月湖（すいげつこ）は、その湖底堆積物の5万年前までの縞模様が、世界の考古学年代を決める標準時となっています。その理由は、①流域面積の小さい山に囲まれた地形のため土砂の流入が少なかったこと、②すり鉢状になった地形であることから風波が起きにくかったこと、③塩分を含む水が湖底を酸欠状態に保ったことでプランクトンの影響が少なかったこと、などが挙げられます。

　そして面積1.2km²、水面標高122mの鰻池は、本節で紹介したマールと呼ばれる、火山爆発で生じた小さな火口に地下水がたまった湖です。ここでは火口壁である湖岸とその延長は急な傾斜をもち、流入河川はありませんが、水深は56mもあります。火山を成因とするものにふさわしく、湖岸には温泉もあります。

　ポロ沼は、面積は1.94km²ありますが、水深は2mで、まさに沼らしく、湖底は平板です。周辺には湿地が広がり、水際には容易に近づけないようです。実際、ポロ沼の湖沼図からは沈水植物や浮遊植物が繁茂しているようすが読み取れます（図4-3-2d）。つけられた名に惑わされずに事実を見極めようとすれば、同じように見える内水面でも、これだけの差があるのです。

## 4-4 高まりを読む

### ❶→ 鳥取砂丘に遊ぶ

図4-4-1a 鳥取砂丘（鳥取県鳥取市）　　　　　　　2万5千分の1地形図「鳥取北部」

　砂丘は、風によって運ばれた砂が堆積してできた丘状の地形です。日本の砂丘は、そのほとんどが海岸周辺に発達した海岸砂丘で、一般にもっとも有名なのは鳥取砂丘ですが、ほかにも猿ヶ森砂丘（青森県東通村）、庄内砂丘（山形県）、九十九里浜（千葉県）、内灘砂丘（石川県）、中田島砂丘（静岡県）などがあります。

　鳥取砂丘の地図（図4-4-1a）からは、なだらかな高まりのなかに大きな凹地が散在するようすが見えます。もちろん地図に見える最大の特徴は、丘陵全体が茶色の点（砂の記号）で覆われていること、「鳥取砂丘」とある辺りには樹林の記号がまったく見えないことです。

　緑美しい日本では、埋め立て地、未利用地以外で、地図に樹

林や耕地の記号がまったく表現されない場所は少なく、火山周辺などの礫地や万年雪、そして平地なら湿地と砂丘です。

ただし、鳥取砂丘内は無植性というわけではなく、コウボウムギ、ハイネズといった砂丘特有の植物は自生しているようです。その鳥取砂丘は、中国山地を構成する花崗岩などの砂礫が砂丘の西を流れる千代川によって日本海へと流され、潮流が海岸へと運搬・堆積し、さらに強い東北の風により岸に打ち上げられてできています。大規模なスリバチ状の凹地地形をもつ砂丘は、わが国最大の規模を有するものです。

そして、海岸線と平行に3列の大きな砂丘が並んでいることが知られています。新潟砂丘などのような後背湿地をもちませんから、そのようすはややわかりにくいのですが、等高線から尾根をたどる線を入れてみると明らかになります。

そしてこの地域は、国の天然記念物に指定されていますから、地図には「鳥取砂丘」の文字とともにその記号が併記されています。その周囲には砂丘の範囲を示す「特定地区界」の地図記号も見えます。これは、山陰海岸国立公園・鳥取砂丘の特別保護地区の範囲を示しているようです(「鳥取砂丘条例」で定められている鳥取砂丘の範囲とは異なるものです)。これは、自衛隊演習場のように自由に出入りできないということではなく、開発や採取などの制限を受ける区域を表していると思われます。

鳥取砂丘との比較のために用意した新潟砂丘の例(図4-4-1b)では、開発が進んでいますから、砂地を表す茶色の点々は、ほとんど残っていません。それでも、高まりと低地(後背湿地)とが、海岸線とほぼ平行に列をなして約70kmにわたり続くようすは、地図に対する知識がそう高くない人でも、なにかを感じるはずです。それは、海岸線にほぼ平行に延びる複数の等高線、同じ方

向性を保ちながら等高線が疎になった部分を補うように発達する小河川と田、そして高まりに発達する集落や畑、それらを結ぶ小さな道などが、筋状のパターンとして、読図者の目に「なにか」を訴えるからです。

　凹凸が列をなす新潟砂丘では、大きく3世代の砂丘が、10列もあるといいます。高まりの標高は5mから10m、その背後に広がる低地の標高は2mから4mです。微高地と低地、それぞれの土地の性状を生かして高まりには居住集落や畑地・果樹園があり、低湿地には灌漑水路が引かれ、田に利用されています。図の右、鳥見町から白勢町方向にほぼ南北に延びる海岸線から内陸に向かって砂丘を横断・直進する道は、波打つように上下しているはずです。

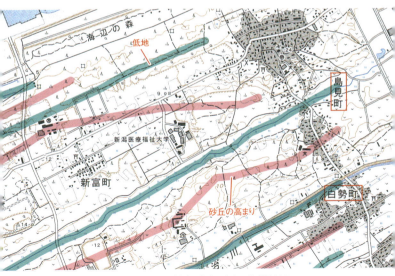

図4-4-1b　新潟砂丘（新潟県新潟市）。低地と砂丘の高まりが何列も並ぶ
2万5千分の1地形図「松浜」

この地域も、1-1-❼で紹介した河川低地と同様に、後背低地にどれほど盛り土が行われても、根本的な土地の性状には変わりがありません。この地域で構造物を建築する際に、そのことを意識する必要があるのは当然です。

　また、ここには褶曲構造（地層の側方から大きな力が働くことで、地層が曲がりくねるように変形すること）との関連が深い、油井・ガス井があります。いまは天然ガス井だけが残ります。

## ❷→ 羊のいる山とてっぺんが切り取られた山を読む

　みなさんは「日本が自給できている鉱物資源は？」と問いかけられたら、なにを思い浮かべますか？

　正解は石灰です。

　その石灰岩を採掘する鉱山は日本各地にあって、セメントをはじめとした建築材料のほか、化学製品としても広く利用されています。この石灰岩がつくる地形がカルスト台地です。日本一の規模を誇る山口県の秋吉台（図4-4-2a）とともに、愛媛県・高知県に広がる四国カルスト、福岡県の平尾台などが有名です。どの地域の地形図を広げても、水に溶けやすい石灰岩がつくりだした特徴的な地形が模様になって見えるはずです。

　現地を訪れた人ならご存じだと思いますが、広がる草原に散在する岩の列（石灰岩柱）は、ときには放牧する羊を思わせるものがあります。地図の上で、「岩」の記号を使用して羊のようには表現できませんが、散在する小さな高まりを示す「岩」の記号や小円になった「等高線」が随所にあります。さらに、ドリーネと呼ばれる石灰岩が風化してできた大きなくぼみは矢印のついた「凹地」で、鍾乳洞はその洞窟の入り口が「坑口」で示されて、カルストの特徴的な地形が見られます。

図4-4-2a　秋吉台(山口県美祢市)　　　　2万5千分の1地形図「秋吉台」

　類似した地形は、同じように生物の殻などが堆積してできたサンゴ礁の島でも見ることができます。もちろん、サンゴ礁の海岸には、環礁の発達しているようすが「隠顕岩(いんけんがん)」の記号で表現されているでしょう。

　そして、カルストの近くには石灰鉱山もあるはずです。秋芳洞(あきよしどう)の西にも石灰鉱山とセメント工場があります。

**地形が読めない高まりから読む**

　次の図4-4-2bは五木寛之氏の小説『青春の門』の冒頭に「香春岳(かわら)は異様な山である」と記された福岡県の香春岳(だけ)(三山)と呼ばれる山です。

　福岡県平尾台の南西に位置する香春岳は、南から順に一ノ岳(492m)、二ノ岳(460m)、三ノ岳(508m)と連なる山でした。ところが、現在一ノ岳は270mほどの高さになってしまいました。

　山頂部には、ハンマーの形をした鉱山の記号とともに「せっかい」という文字が見え、頂上に向かって工事用と思われる道路があります。山全体が、石灰岩を採掘する鉱山であることを示しています。石灰岩の採掘によって山の形が日々変化することから、山の高さを示す標高数値もありません。そして、等高線と岩がけの

記号で表現された頂上は、平坦のようにも見えますが、実際は鍋底状になり、さらにその一部はあり地獄のようになって、掘削された石灰石は地下に掘られたトンネルを通して工場へと運ばれているはずです。

それを裏づけるように、山すそにはトンネルの坑口が、その先には一部、注記文字に隠れていますが、セメント工場へのベルトコンベアを示す「リフト等」の記号が読み取れます。

石灰を採掘する鉱山では、このようにしばしば山体が失われるほど採掘され、山の高さが数100mも変更されることになります。同じような例は、埼玉県秩父市の「武甲山」や、大分県津久見市の「碁盤ヶ岳東尾根」にもあります。

**図4-4-2b**
香春岳(福岡県香春町)。左が北です
2万5千分の1地形図「金田」「田川」

写真　香春岳(三山)

## ❸→ 等高線がつくる模様から地質の変化を見つける

　図4-4-3aは、北海道美深町市街の西に位置する苦頓別山周辺の地形図です。この地図にかぎらず、等高線が織りなすようにつ

図4-4-3a　地質と等高線（北海道美深町苦頓別山付近）。河川が表現された谷と、それ以外の主要な谷を着色して水系図にしてみると、地質構造の変化する部分から等高線が変化するとともに、水流が特徴的に方向を変えているのがわかります
2万5千分の1地形図「苦頓別山」「美深」

図4-4-3b
日本シームレス地質図。同図の凡例によると、図中にある右「7」は中-後期中新世（N2）の堆積岩類（海成および非海成層）、左上「103」は中-後期中新世（N2）の非アルカリ苦鉄質火山岩類を示します
日本シームレス地質図（https://gbank.gsj.jp/seamless/）
産業技術総合研究所　地質調査総合センター

くる模様や河川水系がつくる絵柄は、地形を表現しています。そして、その地形は土台となる地質構造を反映しています。

　もちろん、地質調査の基本は現地調査ですが、地形や地質を地図から推測するときは、こうした等高線が織りなす特異な模様

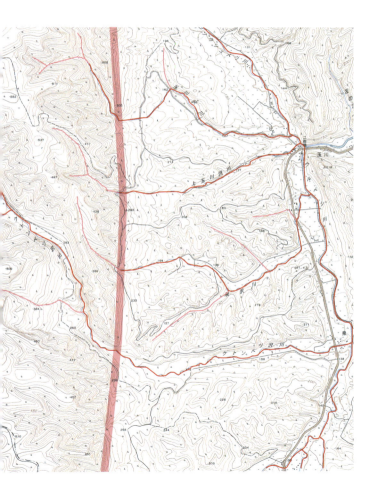

やその変化に注目しなければなりません。

　図では、南北に走る直線的な尾根を境として、東にはダラダラと流れるようなやや緩傾斜の山体、西にはこれに比べて急な傾斜をもったやや鋭い谷や尾根をもつ山体があります。

　そして、東の水系は東西方向に延びています。一方の西の水系は「玉川沢川」や「クトンベツ沢川」が、ある一線から西の範囲で特徴的に方向を変えて、北西から南東へと流れています。等高線や水系がつくる模様の違いは、地図読みが苦手な人にも明らかなはずです。

　実際、産業技術総合研究所地質調査総合センターの「日本シームレス地質図」には、前者（東）は「堆積岩類、約1500万年前〜700万年前に形成された地層」、後者（西）は「非アルカリ苦鉄質火山岩類、約1500万年前〜700万年前に噴火した火山の岩石（安山岩・玄武岩類）」と表示があって、異なる地質であることを示しています（図4-4-3b）。

　地質変化のすべてを等高線が表現するものではありませんが、次の富山県朝日町南保富士付近の図4-4-3cでも、地図の左右で浸食の違いといったものを見ることができます。もちろん、地質の正しい結果を知るには現地踏査も専門知識も必要になりますが、地図を眺めることで、興味深い模様を見つけ、地球が表現する「なにか」を感じ取ることができます。

地形図から現地の風景に思いを馳せる技術　第4章

図4-4-3c　地質と等高線（富山県朝日町南保富士付近）　　　　2万5千分の1地形図「泊」

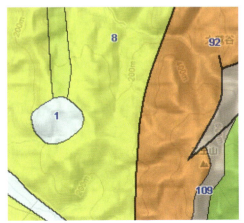

図4-4-3d
日本シームレス地質図。同図の凡例によると、図中にある左「8」は、前-中期中新世の堆積岩類（海成および非海成層）、右「92」は暁新世-前期始新世の非アルカリ珪長質火山岩類を示します
日本シームレス地質図
（https://gbank.gsj.jp/seamless/）
産業技術総合研究所　地質調査総合センター

## ❹→ 地すべり地形と付き合う

　地すべりは、その名のとおりなんらかの理由で、ある面より上面の地盤が比較的ゆっくりと滑り落ちる現象です。

　滑り落ちた崖（滑落崖）と、移動し変形した土砂（移動体）が特有の地形を形づくります。それは、地すべりによってできた地球の傷跡といったものです。

　こうした地すべり地形の特徴とともに、図4-4-4a（新潟県十日町市）を参照して、現地のようすを感じ取ってみます。

a) 図中の三角点737.9m周辺❶と「岩見堂岩」から左手に広がる等高線❷を比べると明らかなように、地すべり地では等高線が不整列になります。
b) 「岩見堂岩」を頂点として、左手方向に大きく手ですくい取ったような特徴的な地形が出現します❸。半円形の周辺部は等高線が密な滑落崖、中央部は疎（緩斜面）になった移動体が積まれた場所です。
c) 緩斜面部分には、山体からの湧水を表現する池や沼などが存在します❹。そのため山間地や比較的標高の高い地域であっても稲作の適地となります。
d) 「岩見堂岩」の北にある610mの高まり❺のように、緩斜面の随所には、かつての山頂、尾根が小丘として残ります。
e) 中縮尺図では表現されないような小丘や滑落崖、これらと平行に亀裂や高まりが皺状に存在します。

　図4-4-4bは、空中写真判読によって作成した「地すべり地形分布図データベース」です。地すべり発生のメカニズムは、硬い

地質の上にやわらかい粘土質の地質が堆積しているといったすべり面を形成しやすい地盤があって、そこに地震による外力、豪雨などによる地下水の浮力といった一定の条件が整うことで発生します。そして同一地域で何度も起きますから、地すべり地形を地形図や空中写真などから判読して、地すべり発生危険箇所として把握しておくことは、防災対策を講じるうえで有効です。

このように、明確なすべり面があり、速度がゆっくりしていることが、土砂崩れなどの急激な斜面崩壊との相違点です。そして、反復して活動することも1つの特徴で、その間には浸食・開析（地上の起伏に多数の谷が切れ込んで河川が浸食する作用）も進行しますから、地図や地すべり地形分布図にあるように、地球に残される傷跡は、土砂崩れなどのように単純ではありません。

地図は、そうした変化に応じた、そのときどきのようすを表現しているのですが、多様な目的に使用できる一般図であることと、縮尺に応じた取捨選択があるために、地すべりの分布を詳細に把握するための道具としては万全ではありません。

そこで、地すべり地形調査には、空中写真判読を活用しています。一般に空中写真判読は、対象物がつくる色調や陰影、キメ、パターンなどに加え、同一地点を重複して撮影した2枚の写真から得られる（立体像からの）詳細な高さ情報を用いて行います。

日本には被害をおよぼすおそれのあるものとして国土交通大臣が指定した地すべり危険箇所だけでも、11,000カ所以上もありますから、これを完全に避けた土地利用をすることはできません。むしろ、うまくつき合うことが大事なのです。

**図4-4-4a** 地すべり地形(新潟県十日町市) 2万5千分の1地形図「松之山温泉」

**図4-4-4b** 地すべり地形分布図。空中写真判読によって作成したものです。茶色のベタ部分が地すべりの移動体、水色や茶色の線で描かれているのが滑落崖です。多くの地すべりが、複雑に発生していることがわかります
出典:独立行政法人 防災科学技術研究所「地すべり地形分布図データベース」

## ❺ → 日本一の河岸段丘（河成段丘）を歩く

　河岸段丘（河成段丘）は、河川の流路に沿って発達する階段状の地形で、日本各地で見られます。平坦な段丘面と段丘崖が交互に階段状に表れるもので、数段にもなることがあります。

　信濃川沿いに広がる津南町は、日本一の河岸段丘（河成段丘）を名乗る町として知られています（図4-4-5a）。信濃川とその支流周辺にある津南の河岸段丘は、段丘崖の高さ、段丘面の広がり、そして段数（九段）などから、まさに日本最大の規模です。

　その河岸段丘は、地殻変動あるいは浸食基準面の変動がおもな形成原因となっています。

　前者は、河川浸食によって平坦になった河川とその周辺（谷底平野）が地殻変動によって隆起し、そこに川底を下方に削る新たな河川浸食（下刻）が始まることで形成されます。後者は、気候変動などにより海面低下が起きることで、川の下刻が河口から内陸へと進行して、段丘を形成します。

　こうした隆起や海面低下などにより下刻が行われることで、それまでの谷底平野内に新しい狭くて深い谷が形成され、谷底平野は階段状の地形として取り残されて、河岸段丘が形成されるのです。そして段丘面では地下水面が低く、段丘崖の下には湧水が多く見られるのが一般的です。

　過去には段丘面では畑作が主体でしたが、いまは用水路開削が可能な地域では段丘上でも稲作が行われるようになっています。

　先に紹介した海岸段丘の室戸半島では、地形的に用水路開削が困難なため、台地上ではいまも畑作が中心でしたが、津南では上流河川から導水された用水路と調整池の建設によって、台地上でも全面的に稲作が行われています。

河岸段丘のようすは、段丘崖に残る未耕地の植生界をたどることでおおよそのことがわかります。詳細は、標高を読み取り等高線をなぞるか、断面図A-Bをつくることで明らかになるでしょう。

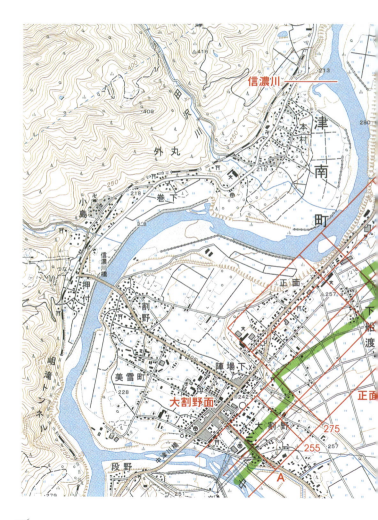

なお、日本の特徴的な地形として、ほかに扇状地がありますが、これは『地図の科学』(106ページ)で紹介しましたので参照してもらえればと思います。

図4-4-5a 津南河岸段丘（新潟県津南町）。A-B間の地形断面から5段の河岸段丘が明らかになっています
2万5千分の1地形図「大割野」

# 4-5 森や植生を読む

## ❶ → 真鶴半島の御林と魚付き林で迷う

図4-5-1a
真鶴半島(神奈川県真鶴町)
2万5千分の1地形図「真鶴岬」

図4-5-1b
『真鶴半島みどころ ガイド&マップ』
出典：真鶴観光協会

真鶴半島は、長さ約3km、幅が広いところで約700m、その形が鶴に似ていることから、真鶴と名がつけられたといいます。真鶴半島は、かつて木々がほとんどない萱原であったといい、うっそうとした木々が姿を現したのは、江戸時代になってからのことだそうです。

　1657（明暦3）年に江戸で起きた明暦の大火のあと、幕府は木材確保を目的に各地に植林を命じました。ここ小田原藩でも真鶴半島など各所で植林を始め、半島の森は小田原藩の植林した「御留山」（別名：御林）として立ち入りが禁止され、明治時代以降も皇室あるいは国の財産である「御料林」として保護されてきました。

　半島に群生する樹齢350年から400年のマツ、シイ、クスなどの巨木林は、用材としてばかりではなく、魚を育てる森としても意識され、守られてきたのだといいます。もちろん現在も「魚付き保安林」として保護されています。

　さて、図4-5-1aから魚付き林のようすを読んでみたいのですが、2-6-❷にあった野幌原始林と同様に、うっそうと巨木が茂るようすを地図からうかがい知ることはできません。それどころか、狭い範囲に遊歩道や周遊路らしき道が縦横に走っているのですが、地図にその雰囲気はありません。

　そこで地図読み人は、その森林内の遊歩道に注目します。

　前述のように、地表を覆う森林や建築物は、空中写真からの地図作成、特に等高線描画にとって障害になります。森林内の徒歩道も例外ではありません。

　写真測量図化を現地調査で補わないかぎり正確な表現にはなりませんが、これまで登山道を含めた徒歩道には、重きが置かれていませんでした。というより現在の地図は、太平洋戦争後に米国流の地図づくりの影響を受けたこともあって、自動車の交通を

強く意識した現地調査方法や地図表現によってできています。

　ですから、山岳地や森林内などの徒歩道の表現には、正確性に欠けるところがあったのですが、そのまま放置されてきました。ところが、最近の熟年登山ブームなどの影響を受けて、2011年からはGPS測量による登山道調査が行われ、地図が修正されつつあります。しかしウオーキングなどに使用される低山、丘陵地などの徒歩道は従来のままです。

　そのようすを、真鶴町観光協会の『真鶴半島みどころ ガイド＆マップ（縮尺約1万2,500分の1）』（図4-5-1b）と国土地理院の地形図（縮尺2万5千分の1）とを比較して読んでみます。

　「・77」とある小さな高まりを巻くようにして自動車道路を進み、やや大きい「独立建物」で表された中川一政美術館の先へでます。そこで自動車道路は三方向へ分岐しています。ここまではどちらの地図も同じです。

## 地形図の弱点

　ガイドマップでは、中川一政美術館の辺りから御林と魚付き林がある森が緑色に塗られています。いよいよ、遊歩道をたどって御林の森深く進みます。森のなかほどで十字路が待ち構えていますが❶、地形図には分岐はありません。御林遊歩道❸に交差する森林浴遊歩道❷の記入がないのです。これでは、肝心の御林と魚付き林を巡り、見ることができません。

　それだけではありません。この十字路を右に折れて、森林浴遊歩道から真鶴半島のシンボルともいえる三ツ石を望む絶景ポイントを散策する番場浦遊歩道、潮騒遊歩道❹の記入もありません。

　地形図は、等高線はもちろん、記念碑や寺社などの記号のほか、細かな植生などもしっかり記入されて、基礎的な情報がしっかり

していることで地形を読め、ガイドマップなど各種主題図のベースになる役割を果たしますが、この例のように、地形図の徒歩道のなかには不十分な部分も多く存在します。

地形図を登山やウオーキングなどに使用するときには、注意が必要です。

ちなみに、ガイドマップでは三ツ石が陸続きで表現され❺、地形図では島（干潮時には陸続きとなる隠顕岩）となっています。これは、三ツ石が普段はおおむね陸続きでも、最大潮位のときは島となることを示しているので、地形図の誤りではありません。

真鶴半島散策の際には、ここが「日の出」で有名なスポットであること、黒船の来襲時に岬にも砲台を建造したこと、真鶴から採石される小松石が初期の三角点標石や品川台場の築造に使われたなどの予備知識を得て訪ねると、楽しさが増すはずです。

## ❷→ 八王子片倉町に桑畑を探す

図4-5-2a〜dは、八王子市街地の南、横浜線片倉駅周辺です。

八王子は「桑都」と美称されるほど、養蚕や織物が盛んな地でした。その歴史を少したどってみます。この地で生産される織物は「八王子織物」と称されて、古くから大消費地である江戸（東京）へ出荷されてきました。

明治時代、政府は殖産興業政策を強力に進めます。特に繭や生糸・織物などは貴重な輸出品として重要視します。明治時代半ばには、外国の織機技術の導入による生産性と品質の向上が図られたことで、生糸生産はいっそうの発展を遂げます。

八王子も生糸と織物生産の一大中心地として成長を続けます。生産された生糸は、鉄道整備までの間、この辺りを南下する通称「絹の道」と呼ばれる街道を経て、横浜港から海外へと運ばれ

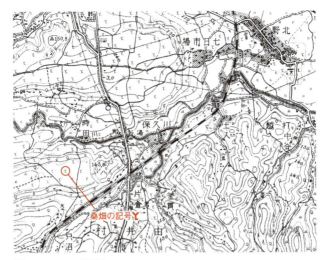

図4-5-2a　1921年測図

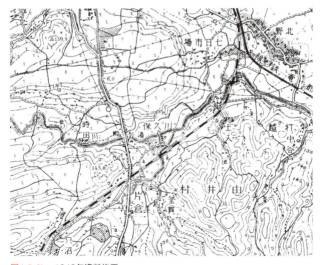

図4-5-2b　1948年資料修正
八王子片倉町周辺(東京都八王子市)　2万5千分の1地形図「八王子」

図4-5-2c 1966年改測

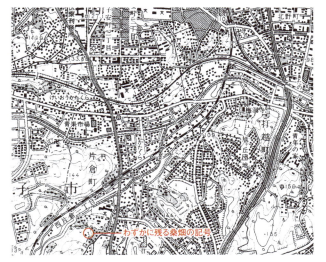

図4-5-2d 1998年修正

ました。

その後は太平洋戦争の影響を受けて衰退、戦災復興するものの、1960年代に入ると化学繊維の普及が要因となり、市場は急速に狭まります。あわせて中国をはじめとする人件費が安い国の養蚕業が台頭して日本生糸は国際競争力が失われ、養蚕業も次第に衰退します。こうした歴史を地図の上から検証してみましょう。

### 消えた桑畑（Y）

1921年測図の図4-5-2aには、現横浜線（横濱鉄道）から西の台地は、すべてといっていいほど桑畑が広がっています。現在、全国一の繭生産量を誇る群馬県の地図を広げても、もう桑畑記号がこれほど多く残る地図を見ることはほとんどできません。

見渡すかぎり桑畑が広がる地図からは、当時の生糸生産がどれほど盛んであったかがわかります。地図には、1908（明治41）年に開通した横浜線が記入されています。もちろんこれ以前に現・中央線（甲武鉄道、1889（明治22）年）も開通しています。

従って、片倉の集落から東南の鑓水集落（図外）を経て横浜まで生糸を運搬した「絹の道」はその使命を終えて、建設された鉄道交通が、これに代わっているはずです。

太平洋戦争が終わった後の1948年資料修正（図4-5-2b）では、どうでしょうか。植生と集落に大きな変化はありません。食料事情が緊迫した戦時中には、桑畑がほかの農作物に転作されたことも予想されますが、地図の上には、まだ多くの桑畑が見えます。地図の維持管理が植生の修正にまでおよんでいないことも考慮しなければなりませんが、化学繊維の普及による生糸生産衰退の波は、これから先のことです。

## 送電線網（÷———÷）の広がりが示す宅地化

　桑畑以外のことでは、1926（大正15）年には、現京王電鉄が東八王子まで営業を開始（1925年に玉南電気鉄道として開通）しています。そして、現JR・国立駅南に広がる計画的な街づくりとなる学園町地区開発も開始され（1926（大正15）年）、その後は府中市に東京競馬場も開設（1933年（昭和8）年）されました。

　沿線の宅地開発も次第に西へと進みます。この時期、宅地開発が進行しているようすが地図の上で明らかなのは、高井戸辺りまでです。1921年測図（図4-5-2a）、1948年資料修正（図4-5-2b）でも、そうした都市化が進む首都圏へ向けられたものだと思われる送電線網の整備が進行するようすが感じられます。

　1966年改測の図4-5-2cでは、桑畑はすっかり影をひそめ、いくらか散在しているといった状態です。生糸生産の衰退、桑畑からほかの作物への転作のようすが地図にも反映されてきました。

　それどころか、八王子のこの地にも宅地開発の波が押し寄せて農地が減少し、道路や公共施設の整備・建設が、八王子市街がある北から南へと進行しているようすが読み取れます。首都圏の拡大にともなう送電線網の整備もさらに進行しています。

　現在の八王子周辺には大規模な住宅地開発と大学の新設・移転などが多くあり、八王子から片倉町の間はもちろん、南にも住宅地が広がり、農地は驚くほど減少しています（図4-5-2d）。

　1966年改測図までは記入があった、「中谷戸」や「川久保」といった小さな谷や耕作適地を表現すると思われる地名も消えています。

　それでも地図の上には、桑畑の記号が数カ所残っていますが、それは地図の維持管理が十分でないことによる紙の上だけのことかもしれません。いまその桑畑はどうなったのだろうかと、現地を訪ねて確認したくなるほど貴重な存在になっています。

# 4-6 海を読む

## ❶→ 漂流する北の海岸線

図4-6-1a　鵡川海岸の海岸線の退行（北海道鵡川町）
2万5千分の1地形図「鵡川」（2006年更新に1954年測量を重ねたもの）

　明治期の初めからこれまでの間の、維持管理された日本全土の地図が用意されていることにより、誰もが簡単に140年間の日本の姿を時系列で見ることができます。言葉にするとこれだけのことですが、地図測量技術の汗の結晶が詰まった地図が残されていることで実現できる、大変すばらしいことです。

　そうした過去の地図を広げて、海岸線の変化に注目してみます。現在の地図だけのことなら、水色の細い線が連続するだけですが、地図を時系列に並べることで、地盤沈下や海岸浸食による海岸

線の退行、河川が運搬してきた土砂の堆砂などによる海岸線の前進も明らかになるはずです。

　北海道鵡川町の鵡川河口付近は、過去30年間に300mの海岸浸食（海岸線の退行）が進んだといわれています。この地域の海岸に打ち寄せられる土砂は、鵡川流域と、さらに南東約8kmに河口をもつ沙流川流域から供給されたものと考えられています。最近の海岸線の退行は、この間の港の建設、砂防ダムの建設、河川の護岸と砂利採取などが複合的に影響して流入土砂が減少したことが原因だと考えられています。鵡川流域全体の地図とともに河口付近の多くの時期の地図を重ね合わせた地図があれば、海岸線退行の概要が容易にわかります（図4-6-1a）。

　ちなみに、国土地理院が毎年発表する「全国都道府県市区町村別面積調」では、こうした海岸浸食にともなう国土の減少は反映されていません。そして鵡川町のウリは「ししゃもとタンポポの町」です。ししゃもは、産卵のために清流鵡川を遡上します。タンポポは、鵡川の河川敷に広さ6ヘクタールの群生地があります。いずれも鵡川がなければ成り立たないものです。

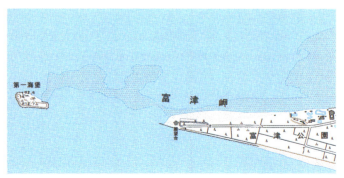

図4-6-1b　富津岬と干潟（千葉県富津市）　　　　2万5千分の1地形図「富津」（2004年更新）

**表現できない漂流する岬**

　図4-6-1bは、千葉県富津岬とその先にある、第一海堡(かいほ)周辺です。海堡は、敵の艦隊などの侵入から首都を防衛するために1890年につくられた人工の島です。

　富津岬とその周辺には、ここからやや北の東京湾に注ぐ小糸川が、房総半島の奥山を浸食して運搬してきた土砂が堆積してできた富津洲などと呼ばれる砂州があります。

　富津岬は、こうした堆積物流入の変化などによって、長い間に形を変えています。そして干潮時にだけ水面上に姿を現す富津洲は、それよりも短い時間間隔で形を変化させています。この海面下の地形を、地図の決まりでは干潟と定義し、不確定なあいまいなものとして、水色の破線で表現します。

　前者の海岸線は、その形状が経年変化するとしても、変化スピードが遅いため、表現に問題は少ないはずです。実際の作業としては、空中写真に写った海岸線がややあいまいでも、標高0mの位置を結ぶように描画すれば、満潮界のようすで表すことになっている地図の決まりと、ほぼ整合します。ただし、干満の差が大きい地域では、最大満潮時の水際線の位置を現地調査して、地図に反映させます。

　そして、富津洲のような干潮時にだけ水面上に姿を現す陸地、干潟については、最大干潮時に合わせて正確に測量して図化することはコスト的にも、技術的にも困難です。

　ですから写真測量による地図作成では、現地調査などで特別な情報が入手できないかぎり、潮の満ち引きとは関係なしに、撮影された空中写真に写っている状態から読み取った干潟の形状が、ほぼそのまま地図化されていると考えていいでしょう（図4-6-1c〜e）。

地形図から現地の風景に思いを馳せる技術　第4章

　平板測量で作成する地図では、現地測量の結果を反映していますが、正確に表現するのが困難であることに違いはありません。ということで、新旧の地図を用意して海岸線の変遷について考察することはできても、干潟の変遷について考察するのは困難です。

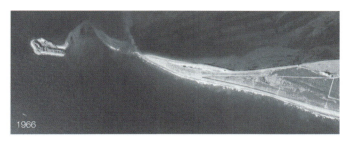

図4-6-1c〜e　富津岬の空中写真（1966年、1981年、2001年撮影）。年代の異なる3枚の空中写真からも明らかなように、干潟を含めた富津岬周辺の形状は、時間の経過とともにこれだけ大きく変化します。地図に表現された形は、地図作成時に使用した空中写真が撮られた瞬間の状態を反映しているといえます。2001年の空中写真で海面に四角く写っているのは海苔の養殖筏です

## 4-7 地名から読む

### ❶→「峠」に注目して地名をひもとく

民俗学者の柳田国男は、

「(地名とは)二人以上の人の間に共同に使用する符号である」
　　　　　　　　　　　　　　　『地名の研究』(角川書店)

といっています。地理的情報共有の先がけとなった地名は、人々が生活を営むうえで重要な要素となる土地を構成する地形や地質、気候などを背景として、きわめて小地域ごとに命名され、人々に伝えられたはずです。

その後、地名には地図をはじめとする文書に残すために文字があてられ、幾多の変遷を経て今日に伝えられ、土地とそこに付随するもろもろの位置を特定するために使用されます。

その過程では、文字表記することによる変化も含めて、人々の生活環境とともに読みや文字が変わることもあり、地形の特徴から命名された小地域をいう地名が、その周辺を統合した地名に変化することもあります。

また、開発によって新たな地名が加わり、現代の住居表示や市町村合併を含めた、統治者による強制的な変更も起きます。

従って、地名のいわれをひもとくには、現代の地図や資料とともに、古地図や古い地形図を広げる必要性があるのはもちろん、統合による変化によって生じやすい間違いを避けるため、できるだけ小地域の土地に命名された地名(字、小字)と、その読みに

注目し、その地域の地形や地質、気候などに注目して検討・分析する必要があります。

また、当該地域の単一地名にだけ注目するのではなく、類似する地名が存在する地域の地形・自然・社会環境などの類似性に注目して比較検討する必要があります。

ここでは『地名の研究』を参考にしながら、具体例をもとに地名をひもとく話を進めてみようと思います。

封建社会から先、国界・村界といったものは、自然の要害を根拠としてきたはずです。いまある行政界も、これを始まりとする谷や川であり、山岳・尾根であることが多いものです。

伊能忠敬の『測量日誌』には、以下のようにあります。

「享和3年(1803)3月24日　この日舞阪宿まで泊触を出す。(浜松)松嶋村より米津村まで長さ三間ほどもある竹の先へ白紙一枚二枚結えつけ、浪打際より十四、五間、または二十間ばかり岡の方へと、村境に建てた。これは測量のときに、方位見当をつけるのに使用するものである」

伊能忠敬の時代よりもっと以前から、土地の利害関係者は、その界を明らかにするために標識となる「標木」「標杭」「傍示木」「傍杭」などと呼ばれるものを置いたと思われます。

それらは藩領の管理のために建てられ、あるいは紛争が起きた際に仲裁者などのもとで裁定が行われたのち、関係者の立会いの下で(境界)杭が置かれることもあったでしょう。

長野県伊那市の分杭峠は下伊那郡大鹿村との郡境に位置しますが、ここには高遠藩が建てたといわれる「従是北高遠領」と刻まれた石柱があります。このような小さな杭を手掛かりに、測量

者が地図作成を目的とし、村界へ白紙を結わえた竹を立てて測量したのです。

さらに、境界紛争が穏やかなものになるにつれ、杭あるいは串を打つことが神聖なものとして扱われ、神事となって矢を立てることもあったといいます。一方で、海の中に置かれる航路を示す標識、これもなんらかの界を示す杭ですが、同じ「標」の字をあ

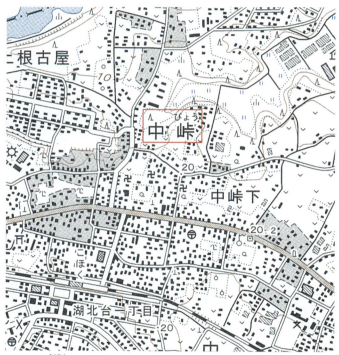

図4-7-1a　中峠(なかびょう)(千葉県我孫子市)。「中峠」の地名は、標杭などを峠に立てたことから、中標などから中峠へ転化したと予想できます。また、長野県飯田市と浜松市界にある「兵越峠(ひょうごしとうげ)」も同じように考えられます。ただし、島根県浜田市中峠(なかたお)、山口県岩国市廿木中峠(なかたお)などにおける「たお・たわ」などは、分水嶺であり鞍のようになった地形の峠(とうげ)を表します
2万5千分の1地形図「取手」

てて「澪標(みおつくし)」と呼びます。

　このようないきさつから、村界となることが多い分水嶺に峠の文字をあて、「ひょう」「びょう」、あるいは「つくし」などと呼んだとしても不思議ではありません。また、村界となる山や峠、そして山中には、界を決めたなんらかのいわれや神事とともに「矢立（峠）」地名も残されています（図4-7-1c）。

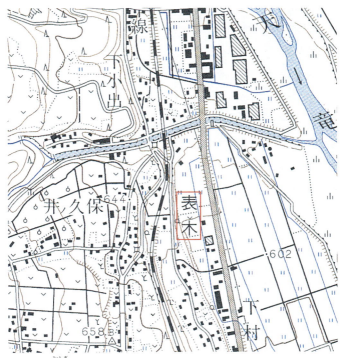

図4-7-1b　表木(ひょうぎ)（長野県伊那市）。国土地理院の地図閲覧サイト「地理院地図（電子国土Web）」から検索しただけでも、「表木」地名は長野県伊那市のほか、秋田県大仙市、長野県上田市、岡山県久米郡美咲町、鹿児島県肝属郡錦江町などに残っています
2万5千分の1地形図「伊那宮田」

各地に残る「峠」「標」「表」(ひょう・びょう) 地名などを探し、その読みを比較してみれば、測量・地図作成者にもかかわりのある地名の昔がよみがえってきます。

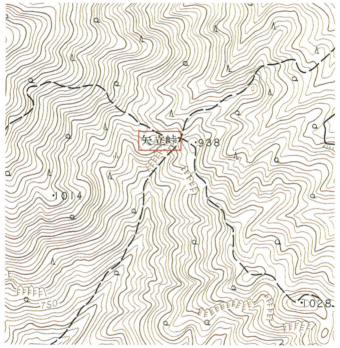

図4-7-1c　矢立峠(宮崎県延岡市)。同「地理院地図 (電子国土Web)」の検索で矢立峠は、宮崎県延岡市のほか、秋田県大仙市、青森県平川市にもあります。関連して、「矢立川」や「矢立山」などが各地に残っています
2万5千分の1地形図「祝子川 (ほうりがわ)」

## ❷→ 小さな高まりから居住適地を明らかにする

　地形にこだわってみます。

「2-5-❸　地名を知って人の営みを知る」で、新潟砂丘(図4-4-1b)には、砂丘の高まりに「○○山」といった地名の集落があると紹介しましたが、どうしてこうした小さな高まりを山と呼んだのでしょうか？

　山とは、「平地より高く盛り上がったところ」をいうのであって、高さの程度に依存しません。従って、ごく小さな高まりを「○○山」と呼んだとしても、なんの矛盾もありません。高まりと、低湿地が列をなす砂丘では、わずかな高まりを「○○山」と呼んで、居住適地として区別してきたのでしょう。

　実は、砂丘の背面に広がる新潟平野には、「○○島」という地名も多数見られます。

　図4-7-2aは、同じように「○○島」という地名が多く存在する茨城県筑西市の例です。広辞苑によれば、島とは「周囲を水に囲まれた小陸地」とあります。現在では、圃場整備が行われて、面影はありませんが、この地は西の鬼怒川と東の小貝川に挟まれた低湿地帯でした。その中に散在する自然堤防などの自然の高まりを、居住適地として利用してきたのだと思われます。洪水時に周囲は海のようになり、居住地は島状になったと思われます。

「○○山」や「○○島」といった地名は、砂丘の高まりや、「○○潟」と呼ばれる沼や湖が散在する河川氾濫原内の高まり、そして扇状地内に存在する網状になった河川の自然堤防の高まり、すなわち居住適地を指すものです(同例は、新潟平野、長野市・須坂市千曲川周辺(図4-7-2b)、富山県砺波平野、玉名市菊池川周辺など各地)。

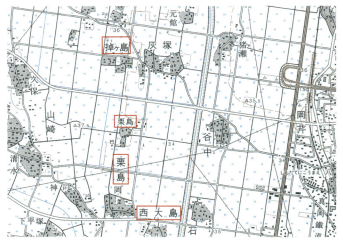

図4-7-2a 「島」地名(茨城県筑西市) 2万5千分の1地形図「下館」

図4-7-2b 「島」地名(長野県長野市・須坂市) 2万5千分の1地形図「須坂」

さて現代人なら、そうした河川氾濫原内の低湿地に居住適地を求めなくてもいいのではないかと考えます。もちろん当時でも、日常生活のための飲料水と食料が確保されるなら、高い台地上の広い空間が居住適地になります。しかし近代的な灌漑設備のない時代の一般農民には、田などの耕作適地近くにある高まりは居住地選定の重要なポイントだったのです。

前段の好条件を満足する地が多く存在すれば、農民の居住地としても利用されたはずです。しかしそうした好条件の地は統治者・権力者の居住地として利用され、要害の地として城砦を築くこともあったでしょう。そうした地には「○○館」の地名があてられましたが、多くの「館」地名は、「やかた」をもとにするのではなく、「低地をのぞむ丘陵の端」を意味する「たて」から発したものだと思われます。

東日本の各地にある「館」地名の地図を広げて地形を比較すれば、その類似性が明らかになるでしょう。秋田県大館市、岩手県栗原市築館、そして島地名が近くに残っている茨城県筑西市旧下館などがあります。

## ❸→ 美しい海岸風景を探す

初期の地名が、地形のありようから命名されたことを知ったみなさんには、「ふくら」が膨れるという語を語源とすることは、連想しやすいでしょう。そのふくらの語源を証明するように、海岸線が湾曲し、その背後に広がりのある良好な土地が存在する地に、この地名が多くあります。

そればかりではありません。

海岸線とは程遠い内陸の河川周辺にも、ふくらの地名があります。ここでもやはり、河川の蛇行がつくる緩やかな平地の広が

る地にふくらがあります。

　柳田国男は「(ふくらは)狭い谷を入っていって、地性がふたたびゆるやかになったのを名づけたのであろう」といっています。そして同じような地形を示す地名に「由良」もありますが、このいわれについては知らないといっています。

「ゆら」(淘、由良)については、広辞苑にも「砂をゆり上げてできた平地」とあるように、「ゆる(ゆるやかなようす、ゆったりとしたようす)」「ゆるふ(ゆるやかになる)」などからきているのかもしれません。

　ということで、美しい海岸風景を目のあたりにしたとき、そこには「福良」「由良」という地名が多くあるはずです。地理院地図(電子国土Web)で、同種の地名を検索すると、すぐ明らかになります。柳田国男が多くの地図を広げて行ったと思われる研究成果に、いとも簡単にたどり着くことができます。

　繰り返しになりますが、このように地名から地形を、地形から

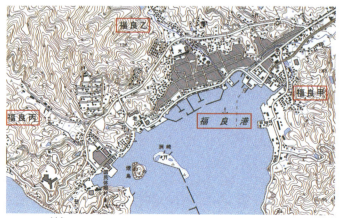

図4-7-3a　福良(兵庫県南あわじ市)　　　　　　2万5千分の1地形図「鳴門海峡」

地名を知るには、多くの事例を収集するとともに、表記された文字に惑わされずに「読み」に注目することが大事です。同時に、当初は小地域に命名された地名が、合併移動することもありますから、できるかぎり初期の地形図や古地図も参照します。

図4-7-3b　吹浦（ふくら）（山形県飽海郡遊佐町）　　　　　　2万5千分の1地形図「吹浦」

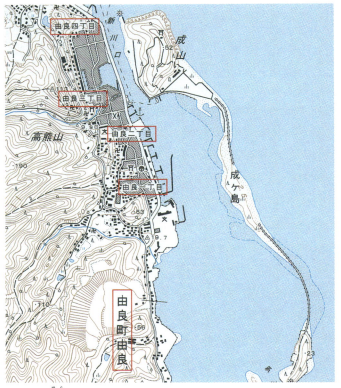

図4-7-3c　由良(ゆら)(兵庫県洲本市)　　　　　2万5千分の1地形図「由良」

## ❹→ カタカナ地名のいわれ

　地名が時代とともに変化することは、「2-5-❸　地名を知って人の営みを知る」で紹介しました。

　その代表的なものが、**市町村名をはじめとする合併などにともなう複合地名の誕生**と、**地名の新設**です。今回の平成の大合併でも、複数の市町村を網羅する旧郡名、旧国名に近い複合地名(鹿

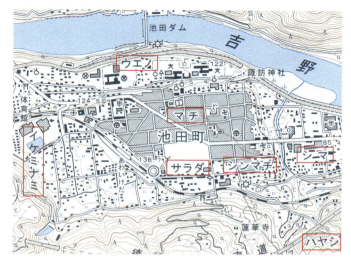

図4-7-4a 旧池田町のカタカナ地名(徳島県三好市)　　2万5千分の1地形図「阿波池田」

児島県南さつま市、いちき串木野市、香川県東かがわ市、三重県いなべ市)や新設地名(熊本県あさぎり町、愛媛県四国中央市、和歌山県紀の川市)が多く登場しました。

さらに、山梨県南アルプス市のようなカタカナ市名もあります。なかには、南セントレア市(愛知県知多郡美浜町と南知多町)、中央アルプス市(長野県の駒ヶ根市と上伊那郡飯島町、中川村)のように、用意された地名の不人気が主な原因ではないのでしょうが、カタカナ市町村名が候補に上がりながら、合併が不成立に終わった例もありました。

カタカナ市町村名は、これまでにも沖縄県コザ市(現沖縄市、越來村胡屋」などから)や滋賀県高島郡マキノ町(現高島市、マキノ高原スキー場から)がありました。これらは文字が難読であるとか、イメージアップのために使用されてきたのだと思います。

ところが、徳島県三好市（旧池田町）には、平成の大合併以前から地図に記載のあるカタカナ地名があります。

旧池田町の町名がカタカナ地名になった経緯は、「従来同音のひらがなや漢字表記の地名が存在していて、これを誰にでも読めるように配慮したから」「カタカナの時代の到来を先取りした」という話もありますが、定かではありません。

そうした町名、字名のもとになる土地につけられた名称の最初は、文字をもたないものであったはずです。その後、江戸時代以前の検地帳の整備、あるいは明治以降の字切図（字限図）の整備にともない、集落や一定のまとまりをもつ土地につけられた小字には、文字をあてることになったのですが、（発音のまま）カタカナで表記される事例もありました。

そこで、字切図にある小字をそのまま引き継いだカタカナ町名が残っても不思議ではありません。

漢字をあてないことで、地名本来の意味はそのまま維持されているはずですが、漢字表記に慣らされた現代人には意味不明のものも残ります。

そのほかのカタカナ地名としては、北海道に多くあるアイヌ地名を準用したもののほかは、北海道旭川市パルプ町、群馬県太田市スバル町、長崎県佐世保市ハウステンボス町、大分県津久見市セメント町など、立地企業との関連、外来語にかかわるものなどがあります。

また、千葉県の八街市八街、佐原市、旭市、山武郡蓮沼村などにはイロハ地名があります（「八街イ」など）。これは1873年（明治6年）に明治政府が行った地租改正にともなって、小字名などを機械的にイロハや甲乙丙に置き換えたのだと思われます。現在の住居表示の際にも見られる合理性を追求した結果です。

# 4-8 地図から工場を見学する

## ❶→ 人の住まない光り輝く町へ

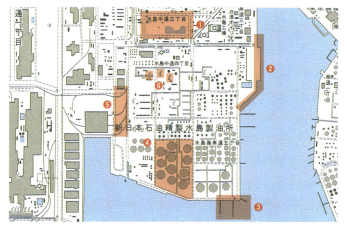

図4-8-1a　水島コンビナート（岡山県倉敷市）。❶工場内の道路（庭園路）　❷岸壁（擁壁）　❸シーバース（防波堤）　❹オイルタンクと輸送管（建物類似の構築物）　❺引き込み線（側線）　❻煙突
2万5千分の1地形図「玉島」

いま、工場見学が静かなブームです。

工場見学は、子どもから大人まで楽しめるとともに、さまざまな工場がたくさんあるのも魅力です。さらに、ふだん見慣れている風景とは異質のものに出合えるのも楽しみかもしれません。

ここ水島コンビナートも例外ではありません（図4-8-1a）。特に、夜になると大都会のように光り輝く夜景が魅力的だと予想されます。地図上でも、そこには一般都市や田園風景とはまったく異質の風景が表現されています。

工場地帯に存在するものを想像してみます。巨大な工場建物群（独立建物、建物類似の構築物）、林立する煙突、網の目のような鉄道の引き込み線（側線）、円形のオイルタンク（独立建物、建物類似の構築物）とそれを結ぶ油送管（輸送管）、工場内の道路（庭園路）そしてベルトコンベア（リフトなど）、そして油槽船を横づけするシーバースなどの海上施設（擁壁、防波堤など）、そのほかいろいろな構築物があるはずです。

　それぞれを表現する地図記号をカッコ書きで示してみましたが、複雑な構築物については、地図の決まりである「図式」に明確に決められていないものもありますから、そこは地図のつくり手の腕の見せ所でもあります。

　このように、臨海工業地帯の地図を広げることで、「これはなにか？」と実際を想像すれば、ちょっとした工場見学気分になれるでしょう。

　こうした地域には、住民はほとんど住んでいません。水島川崎通一丁目（図外）には280人ほど住んでいますが、水島中通り、水島海岸通りには、住民はほとんど住んでいないといいます。

　地図に表記された土地にかかる地名は、「居住地名」といって、集落の名称および住居表示にもとづくものを表示しています。ですから、原則住民の住まない地域に居住地名は表示しません。

　ところが、水島中通り、水島海岸通りには、住民が住んでいないのに居住地名が表示されています。住居表示が実施されているからだけでなく、会社などの事業所があることを考慮して表示しているのです。

　それにしても、これだけの広大な土地をどのようにして確保したのだろうかと不思議に思いませんか？　当地にかぎらず臨海工業地帯と呼ばれるところのほとんどは、干拓地の利用あるいは埋

め立て地です。水島コンビナートも例外ではありません。

　この地図の範囲では確認できませんが、古い干拓地なら、それを取り巻く汐留め堤防が土堤などの高まりとして残り、一般には弧を描くように発達しているはずです。一方の新しい埋め立て地の形は直線的であり、大量の土砂を運び込んで造成していますから土堤をもちません。

　また、埋め立て地に残された水路や河川には、直線的な行政界が延びてそれを証明していましたが、これは平成の大合併などで少なくなったはずです。

# 4-9 集落を読む

## ❶→ 再生産サイクルが引き継がれる新田

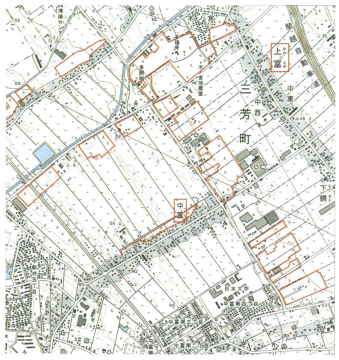

図4-9-1a　三富新田(埼玉県所沢市・三芳町)　　　2万5千分の1地形図「所沢」

　埼玉県入間郡三芳町と同県所沢市に広がる三富新田は、元禄期、川越藩主であった柳沢吉保が開拓した地として有名です。
　武蔵野台地の一角にある三富新田の土壌は、栄養分の少ない

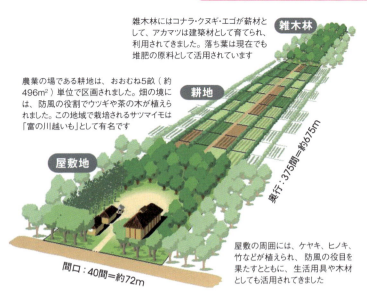

図4-9-1b　三富新田地割絵図
図版提供：三芳町立歴史民俗資料館

関東ローム層からなる水利の悪い土地でした。萱野を農業に適した土地とするために、開拓者はいくつかの工夫をしました。

はたして、どのような知恵をだして開拓したのでしょうか？

まずは、現在の地図を広げてみます（図4-9-1a）。周辺には、工場や新興住宅地、教育施設も見えて、当時のままでないことは明らかですが、現在の地図でもわかるのは、どのようなことでしょうか？

これまでの例のように、地形と地物が織りなす特徴的な模様に注目します。三富新田は、上富、中富、下富（図外）の3つの集落からなります。特徴の1つは、いずれの集落も幹線道路の両側に連なる「樹木に囲まれた居住地」で表現されていることです。

その背後にも森があって、しっかりとした屋敷森の存在が明らかです。

次に、家屋の裏手に広がる畑には、徒歩道などの幅の狭い農道が一定間隔で筋状に伸びていて、農地が短冊形に区画されていることが予想できるでしょう。そして、土地利用図をつくるように、広葉樹の森だけを色塗りすると、細長く伸びた畑地の先に広がっていることが明らかになります。これが3つ目の特徴です。図4-9-1bに屋敷地、耕地、雑木林と並ぶ地割のとおりです。

そして、この地には田畑を潤す灌漑用水路がありません。北西部に水路が見えますが、これが灌漑用でないことは周辺に田が広がっていないことで明らかです。地図の模様からだけでも、これだけのことがわかります。

実際に迫ってみます。

一面の原野であったこの地は、柳沢吉保の命を受けた川越藩士・曽根権太夫の手で開拓が行われたといいます。新田開発当初は、灌漑のための用水整備や井戸の掘削を試みて失敗しました。それでも三富開発が成功した鍵は、土地を計画的に区分利用する地割にあります。

地割のようすは、地図にその模様が表れていたように、幅6間（約10.9m）の道の両側に農家屋敷地を用意し、一軒の農家ごとの畑とこれに続く雑木林の面積が均等になるように、屋敷地の背後に短冊型に並べたものです。

屋敷地に植えられた竹、ケヤキ、杉などによって、防風やそのほかの災害に備えるとともに、農具などに使用する竹細工の用材として、さらには建築用材としても利用されました。隣地との界には茶が植えられて、これも利用されたのです。再背後にある雑木林（赤枠）には、ナラやエゴなどの落葉樹が植林されて、薪など

の燃料として利用したほか、林で生産される落ち葉は、堆肥として利用され、その後の新田の土地改良に重要な役割を果たしました。

　農民たちは、こうした考え抜かれた仕組みのなかで、耕地からの収穫量を上げていったのです。

　そしていま、現在の景観や地図に当時の地割の風景が色濃く残っていることでも明らかなように、この再生産サイクルが長い間引き継がれてきたことがわかり、三富新田が成功したことを示しています。

## ❷→ 鉱毒・鉱害問題に翻弄された村のいま

図4-9-2a
谷中湖の空中写真(1994年)
「CKT-94-2X C9-10」
写真：国土地理院

渡良瀬遊水池(群馬県板倉町、栃木県栃木市など)
5万分の1地形図「古河」

図4-9-2b
❶1907年測図

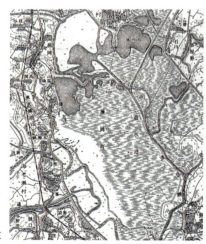

図4-9-2c
❷1929年修正

**図4-9-2d**
❸1952年応急修正

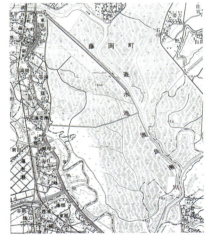

**図4-9-2e**
❹1968年編集

250ページの空中写真にあるハート形の池を初めて目にした人は、はたしてこれはどのような施設なのだろうかという疑問がわいてくるはずです（図4-9-2a）。池の周辺はどのようになっているのだろうか、中央に向かう細い道の交点にはなにがあるのだろうか、どのような風景が待っているのだろうかなどと考えて、訪ねたくなるはずです。

　もう少し広い範囲の地図を広げてみると明らかになりますが、利根川中流部に位置するここは、栃木県と群馬県、埼玉県、そして茨城県が隣接する地域です。また、利根川に注ぐ渡良瀬川、谷田川、思川、巴波川が合流するため、河川の氾濫から農地などを守る目的で渡良瀬遊水池がつくられたのですが、ことはそれだけではありません。過去と近年の地図などを見比べて、渡良瀬遊水池の歴史を駆け足でたどってみましょう。

## 足尾銅山に翻弄された住民

　地図を広げる前に、渡良瀬遊水池建設の発端となった足尾銅山鉱毒事件を復習しておきます。慶長年間に幕府の手で開発された足尾銅山を、明治に入り古河市兵衛が譲り受けて事業化します。古河は、1884（明治17）年ごろから徐々に銅山を近代化し、富国強兵政策のかけ声にも呼応して大増産を進めます。

　これと同時期、鉱山周辺の樹木が枯れ、渡良瀬川の魚などに異変が起きます。さらに1890（明治23）年の洪水時に鉱山排水が流出して、利根川と合流する渡良瀬川沿岸の村々の農地では、冠水した稲や桑の木が枯れるなど、田畑が荒廃する鉱毒・鉱害問題が顕在化しました。

　洪水そのものは、鉱毒によって起きた山林の荒廃による土砂の流出も引き金になっています。

1907（明治40）年測図の図4-9-2bを見ると、渡良瀬川、谷田川、思川、巴波川などの河川が自然蛇行し、氾濫を繰り返しながら合流しているようすが見えます。付近の標高は最北部でも約20m足らずです。同時に図の北には、赤麻池や石川池に代表される低湿地があって、氾濫時にはこの辺りが遊水池の機能を発揮していたのです。

　そのなかにあって「下本郷」「下宮」（図中央下）といった自然堤防上に、あるいは「内野」（図中央）のように大きな袋状に広がる堤防に囲まれた標高17m、18mのわずかな高まりに、いくつかの集落が散在しています。当時、この地にあった約450戸の農民は、氾濫の危険にさらされながらも、洪水によって運ばれた肥沃な土砂の恩恵を受けて営農していました。「内野」周辺の畑の広がりに、そのようすが見えます。

　そこへ、鉱毒・鉱害問題とその解決策としての遊水池建設がもちあがります。建設地にあった谷中村の住民は、遊水池をつくっても鉱害問題の根本的な解決にはならないとして、地元の田中正造衆議院議員とともに建設に強く反対します。住民は、強引な家屋の取り壊しにあったあとも、抵抗を続けます。1913（大正2）年、闘争の主役であった田中正造が亡くなり、同年遊水池計画は着手され、住民は谷中村に住み続けられなくなりました。

　足尾銅山鉱毒事件と同鉱害問題、そして移転を迫られた谷中村農民の戦いはその後も長く続きますが、ここではそれ以上のことに触れず、地図から遊水池周辺をたどってみます。

## ほとんど消滅した谷中村の面影

　1929（昭和4）年修正の図4-9-2cでは、それまで散在していた集落が、立ち退きによって跡形もありません。そして、渡良瀬川、

思川などの河川改修と南部の遊水池化（湿地化）が進行しているようすが読み取れます。

地図の西を流れていた渡良瀬川は、従来の流れを締め切り、1918（大正7）年、この図の北に位置する藤岡市街のさらに北に放水路を建設し、旧赤麻池北端付近から同池を経て、巴波川、思川を合わせて利根川へと注ぐことになりました。

遊水池全体としては1913（大正2）年から10年計画で完成する予定でしたが、その間も洪水ごとに大量の土砂の流入が続き、遊水機能が低下したため、遊水池面積は当初計画の3倍に広げられました。1929（昭和4）年修正の地図（図4-9-2c）は、そのときのようすを反映しています。その後も河川改修は進行します。

ところが、その後23年が経過した1952（昭和27）年応急修正版（図4-9-2d）では、遊水池にほとんど変化が見られません。まさに応急修正版であって、居住地域以外の修正にまで手が回っていなかったのです。1968（昭和43）年編集の図4-9-2eでは、北部にあった数十個の湖沼が跡形もなくなっていますから、地図には反映されていませんが1929年からの39年間の間、流入土砂による堆積は継続し、進行したと読むべきでしょう。いま地図に残る谷中村集落の面影といえば、河跡を示す市町村界、そして大きな袋状に広がっていた堤防跡だけになってしまいました。

足尾鉱毒問題解決の切り札として考えられ、谷中村を飲み込んでしまった遊水池ですが、その後も堆積が進み、遊水池の機能が大幅に低下したこともあり、1963（昭和38）年以降その一部を浚渫して貯水池（谷中湖）とし、遊歩道などを整備したのが空中写真にあるような現在の姿です。周辺区域は、ゴルフ場、テニスコート、サイクリングロードなどをもつレクリエーション区域となっています。

現地を訪れたなら、広大な葦原の中に点々とある住居跡の高まりに、谷中村の当時を感じることができます。それはまさに葦原の海に浮かぶ島のようにも見えます。また遊水池の西、藤岡町篠山にある旧谷中村農民の共同墓地や、遊水公園の中にある役場や住宅跡地が史跡保存ゾーンとして残され、かつての谷中村の悲劇を伝えていますが、いま関心をもつ人は少ないようです。

近くには、群馬県、栃木県、埼玉県の三県界が陸地の中で交わるめずらしい地点があります（図4-9-2f）。栃木県、埼玉県、茨城県が交わる地点も隣接していますが、これは川の中です。

図4-9-2f 群馬県、埼玉県、栃木県の界が交わる地点
2万5千分の1地形図「古河」

# 4-10 維持管理された地図から読む

## ❶→ 残った鉄道敷地と残らなかった鉄道敷地

図4-10-1aはJR新潟駅北口から沼垂周辺です。付近は市街化が進み、地図を形づくるものは、道路や鉄道といった交通網と建物、そして主要河川です。道路網に注目してみますと、ネットワークの形状は二分できます。

1つは信濃川三角州(網)を表現した、北へ向かって緩やかに流れるような道路網(沼垂付近)、そして宅地開発や区画整理によってほぼ方形に区画された道路網(新潟駅北口付近)です。

もちろん、新旧の地図を比較すれば、前者が古い沼垂市街地

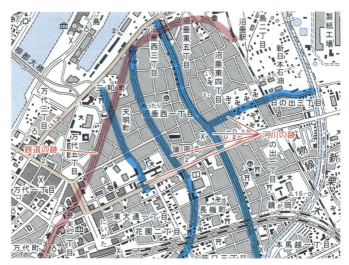

図4-10-1a　新潟駅付近(新潟県新潟市)　　2万5千分の1地形図「新潟北部」(2007年更新)

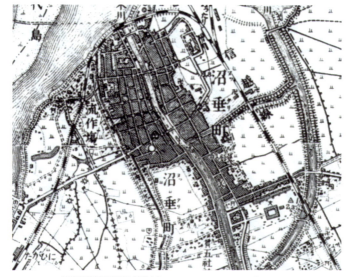

図4-10-1b　新潟駅付近(新潟県新潟市)　　2万5千分の1地形図「新潟北部」(1911年測図)

の範囲であり、道路網や市街地は地形と調和した形をしていることが明らかです。

さらに、三角州を形づくる網の目のように発達するはずの河川が、いまの地図では東を北流する「新栗ノ木川」だけですが、地図の中に流れるような模様を形づくる道は、旧河川跡を利用したものです(水色の書き込み)。

過去の地図を参照しないで、すべての道路を河川跡だと言い当てるのは無理だとしても、現在の地図から、そうした可能性を予想するのは容易です。

### ゆるやかな弧を描く曲線の正体は？

さらに地図を注意深く見ると、赤線で示したような形の道路

が浮かび上がってきます。ゆるやかな弧を描くこの曲線は、通常の道路としては違和感があります。これはいったいなにを表現しているのでしょうか？

　1911（明治44）年測図の図4-10-1bを参照してみましょう。鉄道ファンにはよく知られたことですが、初期の信越線は地図の東に直線的に延びた先にある沼垂駅を終点としていました（1897（明治30）年、現在の沼垂貨物駅の位置）。その後、地図の左下に見える新潟駅を開設したのです（1904（明治37）年）。

　さらに、貨物支線として開通していた信濃川をまたぐ路線（現越後線）へのアクセスをスムースにすることなどから、大幅に路線を変更し、新潟駅を現在の位置に移転しました（1958（昭和33）年）。この路線変更の名残りが、地図に見える曲線の道路です。

　一方、図4-10-1c、同dは三島駅周辺（静岡県三島市）の地図です。みなさんは、新旧の三島の地図からなにかを発見できましたか？　新潟駅周辺の例で紹介したように、計画的な宅地開発や区画整理が行われた地域では、ほぼ方形、あるいは自動車交通に適した直線や曲線で構成される道路網となっています。

　しかし、旧市街地で道路拡幅が困難だった場合、小規模な開発が随所で進行してしまった場合などには、バイパス的に整備された道路や主要幹線道路だけの拡幅直線化が行われます。

　三島市の場合は後者でしょう。一部では、従来の道路網が、ほぼそのまま生かされ、新しい住宅地の道路網にあまり計画性が見られません。

　そして、1つだけ疑問の残る道路があります。三島広小路駅から下土狩駅へ向かう直線の道路です。道幅は狭いのですが、直線区間が2km以上も続きます。しかもその方向は、現在の幹線

第4章 地形図から現地の風景に思いを馳せる技術

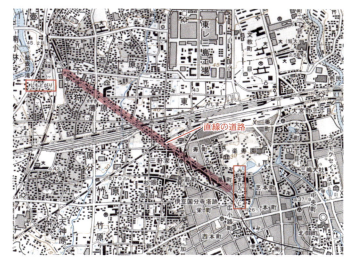

図4-10-1c 三島駅付近(静岡県三島市)　　　2万5千分の1地形図「三島」(2001年更新)

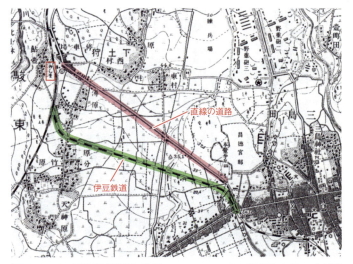

図4-10-1d 三島駅付近(静岡県三島市)　　　2万分の1地形図「三島」(1894年測図)

道路ネットワークとの親和性に欠けるものです。

　鉄道に関する詳細は省略しますが、旧東海道線が現御殿場線をたどっていた時代、三島駅は現在の下土狩駅の位置にあったのです。その旧三島駅（下土狩駅）からは、三島市街を結ぶように伊豆鉄道が整備されていました。

　その後、現在の三島駅が開設され、御殿場線に位置するようになった旧三島駅は下土狩駅と改称されました。

　その結果、旧三島駅（下土狩駅）から三島市街を結ぶように延びていた伊豆鉄道は廃止されたのです。現在の地図を見るかぎり、伊豆鉄道の名残りはほとんど見えませんが、1894年の地図に特徴的に見られる三島市街から旧三島駅（下土狩駅）へのアクセス道路だけが残ったのです。

　新潟の例では、鉄道用地が道路として残りましたが、三島の鉄道用地そのものは残らなかったようです。それは、国有鉄道用地と民間鉄道用地の違いが反映された結果かもしれません。

　このような鉄道関連施設跡については、各地でその痕跡を多く見ることができ、地図や現地に残された鉄道を含めた特徴的な曲線などから、土地の歴史がわかります。

　東京周辺だけでも目黒競馬場跡の曲線を描く道路（下目黒6丁目）、外周も一部の施設も残る根岸競馬場跡（根岸森林公園）、円形の敷地が特徴的な船橋海軍無線電信所跡（税務大学校など）、変形の五角形になった御殿山山下台場跡（台場小学校敷地）などがあります。

## ❷→ 過去をたどって土地の性状を知る

　2011（平成23）年の東北地方太平洋沖地震では、地震や津波以外の災害として、埋立地など軟弱地盤地域での液状化や、丘陵

部の宅地造成地盛り土部での地盤傾斜などが大きな話題になりました。

このため「土地本来の性状を知りたい」として、土地条件図、旧版地図、過去の空中写真の閲覧などを希望する人が増加していると聞きます。ここでは、地図から土地の性状を探る事例をいくつか紹介します。

蛇足ながら、私は国土地理院在籍中の1969（昭和44）年から1973（昭和48）年までの間、関東6県に山梨県、静岡県、長野県を含めた範囲の地図の修正維持管理を担当する関東地方測量部に在籍しました。

当時の日本は、日本列島改造へと突き進もうとするところで、首都圏では旧住宅公団による大規模ニュータウンの整備、民間デベロッパーによる宅地開発が随所で進行していました。特に東京都心から約50kmまでの開発にはすさまじいものがあり、地図についても3、5、10年周期の修正計画があって、変化が著しい地域は3年のスパンで訂正する予定でした。

そして私は、戸塚・鎌倉・磯子・逗子などの地を毎年のように調査しては地図にしてきたのですが、その変容ぶりに驚愕したものです。緑深き丘陵が、スクレーパと呼ばれる大型建設機械でまたたく間に整地されて、階段状の住宅団地がどこまでも連続する風景になっていたからです。

嘘偽りなく驚愕したことは、次ページからの、時期の異なる地図を並べただけで理解していただけると思います。

たった10年で、この変貌です。

当時は「あまりにも大規模な修正が続くと地図の骨格が損なわれる」との考えで、修正量が30％といった一定の範囲を超えると、イチから地図をつくり直す「改測」をする決まりになっていました。

横浜市港南台の変遷(横浜市港南区)
2万5千分の1地形図「戸塚」

図4-10-2a 2万5千分の1地形図「戸塚」(1966年改測)

図4-10-2b 2万5千分の1地形図「戸塚」(1976年三改)

図4-10-2c 2万5千分の1地形図「戸塚」(2001年修正)

「戸塚」は1966年に改測(図4-10-2a)してから、3度の修正をしただけで、1976年には2回目の改測(図4-10-2b)をしています。「戸塚」は、地図修正の面からも、急激に変貌を遂げた特異な地域でした。

　さて、現地を知らない人は、地図の等高線や標高点を読み取らなければわかりませんが、この住宅地は、根岸線の港南台や洋光台の駅から南の鎌倉市境に位置する円海山方向へ、大きな上り傾斜があります。駅付近の標高は35m、宅地の最南は100mです。この直角方向には、波を打つように20mほどの標高差があります。

　土地の性状ですが、ここに居住する人は過去の地図を広げなくても、円海山に続く尾根と標高の変化や残された河川(この図

の範囲には見られない)から想像して、円海山から北北西方向へと下るように広がる丘陵地を、大規模に開発した土地であることを予想しなければなりません。

同時に図2-3-6a(平板測量図における地性線)で紹介したように、山頂からは指を広げたような尾根が、その間には谷がどこまでも続いていたはずです。

過去の地図に現在の道路網を重ねた図4-10-2dを見るとわかるように、なだらかなひな壇状になった現在の宅地は、本来の傾斜をまったく無視しているものではありませんが、尾根では山を削り、谷に土砂を埋めて形づくった土地であることは間違いない事実です。

地盤の強さは大地震が起きるたびに話題になりますが、その地盤の成り立ちによって耐震性や脆弱性には違いがあります。削り取った土地なのか、盛り土した土地なのか、さらには小河川上に盛り土した土地なのかということです。

個々人の土地のこれまでを詳細に知るには、さらに大縮尺の地図や計画図を参照しなければなりませんが、一般に小河川の氾濫原は、砂質土や粘性土が混在する軟弱地盤となっていることが多いはずです。その谷を埋めた土地は、所定の締固めをしたとしても削土部分に比べれば地盤は弱く、さらにもとの谷へと水が集まりやすい構造になっています。

同じことは、同じような砂質土や粘性土からなる旧河道にもいえることです。ただし一概にはいえません。比較的大きな河川では、礫層で構成される比較的強固な旧河道地盤も見られます。いずれにしても、旧版地図などからは、開発後の姿からは想像しにくい、土地本来の性状を見ることができます。

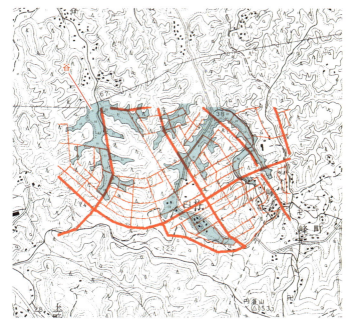

図4-10-2d　1966年改測に現在の道路網を重ねる　　2万5千分の1地形図「戸塚」

## 大沼はあったのか、なかったのか？

　地図から土地の性状をさぐる、もう1つの事例を紹介します。図4-10-2e〜gは相模原市の東大沼、相模大野地区です。現在の地図を広げても、前記の港南台地区とは異なり、やや小規模な都市開発が、つぎはぎのように行われたことが予想されるだけで、表面的に特徴的なことはありません。

　しかし、小さな特異点が隠れています。それは、大沼という地名からわかることです。過去に文字どおり大きな沼が存在していたのでしょうか？

　このようなことを知識として、地図に描かれた模様を注意深く

見ると、大沼神社、大沼二丁目という文字がある辺りの道路網が、曲線を描いて他所と異なっているのがわかります。さらに目を凝らすと、若松二丁目の文字がある辺りにも曲線を描く道路があります（図4-10-2e）。

はたして、大沼は存在していたのでしょうか。

旧版地図を参照します。

1954（昭和29）年修正の図4-10-2fを見ると、辺りは灌漑設備の整わない台地なのでしょう。桑畑や畑が広がっています。しかし、現在の曲線道路に該当する場所には、円形に広がる田があります。どうして、この部分にだけ田が広がっているのでしょう？

さらにさかのぼって、1906年測図の図4-10-2gを広げると、そこにはまぎれもなく沼が2つあって、ここを水源とする水流もあります。現大沼の辺りには「大沼新田」とあって、辺り全体が荒れ野を切り開いた新田であることを示しています。

以上2つの例からわかるように、現在発行されている地図の地名や等高線などからだけでも、土地の性状を推測できます。こうした推測を確かなものにするためには、旧版地図、土地条件図などを入手し、情報を重ね合わせることが必要です。

「情報を重ね合わせる」は、文字どおり新旧の地図を重ねることも意味しますが、「現在の△△通りは、旧来の○○川であって、過去にはこの辺りを流れていた」「○○という地名は、△△という地形を表現したものだ」といったように、新旧の情報をひもづけすることも意味します。

相模原市東大沼付近（神奈川県相模原市）

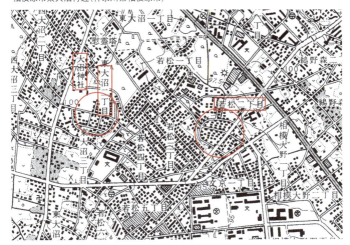

**図4-10-2e**
2万5千分の1地形図「原町田」（1998年修正）

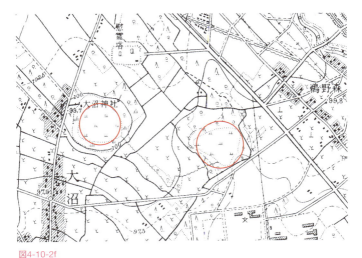

**図4-10-2f**
2万5千分の1地形図「原町田」（1954年修正）

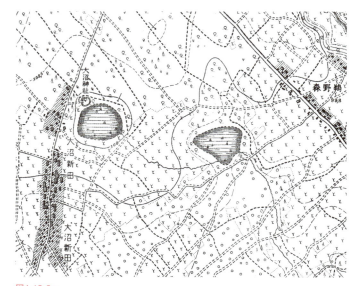

図4-10-2g
2万分の1地形図「原町田」「長津田」(1906年測図)

## ❸→ 主題図からわかる土地の性状

　最近、東北地方太平洋沖地震を受けてある民放のニュース番組で「"なぜ？　神社の手前で大津波が止まったワケ"」というテーマが取り上げられていました。これは、住民の「大切なものを適所に置く」という単純な考えにもとづくものであり、地図のつくり手が「誰に媚びることもなく営々と地図づくりをしてきた」からこそわかったことでしょう。

　過去の新聞紙上には、「地図は悪夢を知っていた」（中日新聞1959（昭和34）年10月11日付）という衝撃的な記事が掲載されたこともあります。それは、1959（昭和34）年9月26日に和歌山県

図4-10-3a　1959（昭和34）年10月11日付「中日サンデー版」（株式会社中部日本新聞社）

潮岬に上陸した台風15号、伊勢湾台風上陸の1年後のことです。

その3年前に国土地理院によって「(木曽川流域濃尾平野)水害地形分類図」が作成され、関係機関に配布されましたが、興味を寄せるものはいませんでした。ところが、水害地形分類図に表示された浸水予想区域(しばしば水害を受ける低い土地など)に、伊勢湾台風の浸水区域がぴたりと一致したのです。
「しばしば水害を受ける低い土地」「いつも冠水するところ」として区分されていたのは、単純に「標高・等高線から読み取った一定標高以下の地域」だったわけではなく、地図や空中写真、古地図などからの読み取りと、現地調査で把握したかつての三角州だったのです。

水害地形分類図と伊勢湾台風による洪水の被害状況から、土地の生い立ちや性状、地盤の高低、干拓・埋め立ての歴史などをあらかじめ調査しておけば、洪水や高潮などが発生した場合、どこがどのような被害を受けるかを、かなりの程度まで推定できることがわかったのです。

これを機に土地条件調査の重要性が注目され、災害対策ばかりでなく、土地の保全・開発に役立てるために同調査が進められることになりました。

### 私の家はだいじょうぶ？

ところが、災害予防対策が地域の開発速度に追いつかないため、あるいは知識不足により自然の均衡を破る不適切な開発を行ったため、知らずに災害発生の誘因を、みずからつくりだしている場合が少なくありません。

地形や地盤を無視した低湿地や旧河道上での不適正な土地利用、斜面の安定限界を無視した宅地造成、骨材や土砂を得るための

山地・丘陵地や河床の乱堀などが、災害を招く原因になっています。この傾向は開発速度が速い大都市周辺地域に多く見られます。

過去の教訓は、忘れ去られてしまったのです。

このように地形・地盤などの土地条件は、たんに防災対策だけでなく、開発計画の場合にも考慮されるべき問題です。開発適地はどこにあるのか、開発上どのような防災対策を施すべきか、さらに進んで、その土地にもっとも適した土地利用形態はどんなものかなど、いずれも土地条件を無視しては考えられない問題なのです。

土地条件図をはじめとする主題図は、このような問題に応えることを目標にして作成されていますが、目的はかなえられていません。この間、整備が進んできたハザードマップもほぼ同例です。「住民の認知が高まり、もしものときに有効に働く状態」とはいいにくいと推測されます。

そして、今回の東北地方太平洋沖地震以降の古地図（閲覧）ブームです。未曽有の地震・津波とともに、各地で浸水や土砂崩れ、液状化などの被害が拡大しました。特に、土砂崩れ、液状化については、震源地から遠い地域で、土地の性状と関連してまだら模様に発生しました。

そのことで、みずからの財産を守るために、土地の歴史や性状についての関心が高まり、旧版地図や空中写真、はては古地図にまで興味を示す結果となったのです。

土地の性状を知るのに参考になる地形図としては「治水地形分類図」（主要河川ごとに整備されている）、「土地条件図」（おもな平野部で整備されている）、「地盤高図」（地盤沈下地帯）、「1:25,000デジタル標高地形図」「数値地図5mメッシュ（標高）」（おもな平野部）などがあります。

古い地図類としては、明治初期に旧陸軍が作製した関東地方対象の「第一軍管地方二万分一迅速測図」、すでに販売停止している、いわゆる「旧版地図」、そして一定間隔で継続撮影している空中写真が有効です。

　しかし地図などの情報から、誰もが簡単に防災や減災について正しく知るのは困難ですから、地形・地質・都市計画などの関連技術者の適切なアドバイスを必要とします。あわせて、持続的な主題図（ある特定のテーマをもって作成された地図）の作成と利用が行われるとともに、最適な土地利用が望まれます。

《 参 考 文 献 》

| | |
|---|---|
| 『日本地形論』 | 吉川虎雄ほか/共著（東京大学出版会、1973年） |
| 『日本の地形』 | 貝塚爽平/著（岩波書店、1977年） |
| 『地名の研究』 | 柳田国男/著（角川書店、1968年） |
| 『測量用語辞典』 | 国土地理院/監修（日本測量協会、1974年） |
| 『地図・測量百年史』 | 国土地理院/監修（日本測量協会、1970年） |
| 『地図学用語辞典』 | 日本国際地図学会/編（技報堂出版、1985年） |
| 『地図の科学』 | 山岡光治/著（ソフトバンク クリエイティブ、2010年） |

※ 順不同

## おわりに

　最近まで学校教育での地理・地図授業の比重は低く、高等学校での地理は選択科目でした。一般の社会人のなかには、地形図を一度も目にしたことがない人も多くいるようです。

　その反動なのか、あるいは地図サイトやカーナビゲーションをはじめとする地理空間情報が一般の方にも気軽に利用されるようになったという社会の動きを受けたのか、2011年4月からの新学習指導要領では、地理・地図教育の充実・改編が行われました。

　そこでは「各地域の特色ある地理的事象を、地誌的に取り上げて、わが国の国土に対する認識を深めさせる」のだといいます。具体的には、地域の地形・土地利用・交通などの事象を、地図そのほかを活用して調べ・考え・表現するそうです。いまのような位置情報社会のなかで、地理・地図教育の充実をどう進めるのでしょうか？

　教育者の腕の見せどころです。

　いずれにしても、地理・地図教育の充実が図られるのは、地図作成技術者としてはうれしいことですが、受験だけのことにはしないでほしいものです。


　一方この間、国土地理院では、地図・地理情報の公開・提供を、従来の紙地図データ主体から「電子国土基本図」の閲覧・公開に変更しました。本書で詳細には触れませんが、この変

更により地図というものの"ありよう"が大きく変わりました。

ひとつは今後、地図情報の維持管理は、情報の管理主体である国土地理院が重要と認めた事項についての選択的なものになるということです。もうひとつは、現在電子国土基本図で公開されている地図の内容が、紙地図の延長ではないものになることです。

おおげさに表現すれば、電子国土基本図で公開されている地図は、従来の紙地図と比べると「地図もどき」の状態であって、従来の紙地図と電子国土基本図を同列では考えられません。

地図づくりの古い技術者や、従来の地図読み人にはある意味、やや憂うべきことです。

一方、編集の少ない電子国土基本図は、大量の位置情報をより正確に表現できるので、ユーザーが自らの手で自由に簡単に多様な加工をすることができます。


本書で紹介してきた「地図を読む技術・使う技術」は、従来の「紙地図」や「数値地図」などを土台にしたものですが、私はそうした地図を読む技術こそが、学校教育を含めた読図や地図利用の基本であることを信じて疑いません。本書はその一助になることを願ってつくりました。

最後になりましたが、『地図の科学』に続き、本書執筆の

機会を与えてくれた科学書籍編集部の石井顕一さん、今回もかわいいイラストでカバーなどのイラストを描いていただいたにしかわ たくさん、地形図を読みやすくレイアウトしていただいたビーワークスの郡 勇一さんに感謝いたします。

2013年6月　山岡光治

## 新装版に寄せて

　測量・地図の周辺は、技術の進展とともに変化を続けています。とりわけ、国土地理院の情報公開には著しいものがあります。2013年の時点では、地形図レベルの「電子国土基本図」が主で、ほかに空中写真や土地条件図も閲覧できるといった程度でしたが、現在は「地理院地図（電子国土Web）」というポータルから、過去から現在までの多様な地図と空中写真にたどり着くことができ、断面図の作成や3D表示などの機能も簡単に利用できます。

　「地理院地図（電子国土Web）」のことは、本書では紹介程度ですが、デジタル地図のベースとなった紙地図で得られる知識をもとに、野山歩きを楽しむとともに、デジタル地図を使いこなす楽しさも知ってもらえることを願っています。

2018年9月　山岡光治

# 索　引

## あ

| | |
|---|---|
| 上げ舟 | 99 |
| 字切図（あざきりず）（字限図） | 242 |
| アフィン変換 | 126 |
| 鞍部 | 146、147 |
| 緯度 | 129 |
| 岩がけ | 68 |
| 隠顕岩 | 205、221 |
| 魚付き保安林 | 219 |
| オランダ堰堤 | 192 |
| オルソ画像 | 126 |

## か

| | |
|---|---|
| 海岸浸食 | 227 |
| 海岸段丘（海成段丘） | 178 |
| 海跡湖 | 200 |
| 改測 | 261 |
| 河岸段丘（河成段丘） | 215 |
| 下刻（かこく） | 187、215 |
| かさ上げ | 190 |
| カルスト台地 | 204 |
| 川瀬違え | 107 |
| 川廻し | 107 |
| 川廻し地形 | 107 |
| 絹の道 | 224 |
| 居住地名 | 244 |
| キルビメーター | 56 |
| 計曲線 | 62、63、65、66、67、69〜71、93、94、147 |
| 経度 | 129 |
| 原始河川 | 183 |
| 坑口（こうぐち） | 204 |
| 後方交会法 | 133 |
| 御料林 | 219 |

## さ

| | |
|---|---|
| 砂丘 | 201 |
| 砂嘴（さし） | 179、181 |
| 三角点 | 50 |
| 三斜法 | 57 |
| 三富新田 | 246 |
| 磁気偏差（磁気偏角） | 136 |
| 地すべり | 51、163、164、212〜214 |
| 写真判読 | 128 |
| 褶曲構造 | 204 |
| 自由蛇行 | 186 |
| 主曲線 | 62、63、65、67、69、73 |
| 主要自然地域名称図 | 198 |
| しょう肩体 | 112 |
| 鍾乳洞 | 204 |
| 植生 | 11、33、102、221、224 |
| 水涯線（水際線） | 36、37、70、76、95 |
| 水準点 | 52 |
| 図郭 | 46、115、136 |
| 正射投影 | 126 |
| 整飾 | 136 |
| 整置 | 60、131、133〜143、153、159、162、167、172 |
| せき（堰） | 18、19、24 |
| 石灰 | 204〜207 |
| 接峰面図 | 104 |
| ゼロメートル地帯 | 65、98 |
| 穿入蛇行 | 186 |
| 送電線 | 16〜18、20、22、39、42、100、135、143、170〜172、183、225 |
| 桑都（そうと） | 221 |
| 総描 | 46 |

索引

## た

| | |
|---|---|
| 滝 | 18 |
| 田切 | 104 |
| 地下暗渠（ちかあんきょ） | 150 |
| 地性線 | 77〜81、84、118、122 |
| 池塘（ちとう） | 185 |
| 地物 | 36、37、50、52、60、81、102、114、115、125、129、133、152、247 |
| 中心投影 | 126 |
| 鳥瞰図師 | 33 |
| 長方形法 | 57 |
| 地理院地図（電子国土Web） | 27、28、34、35、75、113、127、128、184、233、234、238、275 |
| 地割 | 248 |
| 沈下橋 | 188、189 |
| 土がけ | 23〜25、42、100 |
| 庭園路 | 25 |
| 堤防 | 25、76、98、183、190、245、253 |
| 転位 | 36、37、114、129、133 |
| 点高法 | 74 |
| 電子国土基本図 | 273〜275 |
| 天井川 | 190 |
| 等高線 | 60 |
| 等線体 | 112 |
| 特定地区界 | 25、202 |
| 徒歩道 | 14 |
| ドリーネ | 204 |

## な

| | |
|---|---|
| 内水面 | 196 |
| 日本経緯度原点 | 31 |

## は

| | |
|---|---|
| 八王子織物 | 221 |
| 干潟 | 228 |
| ピタゴラスの定理 | 56 |
| 左低斜体 | 112 |
| 人ナビ | 131、132、135、141、142、159 |
| プラニメーター | 56 |
| 分水路 | 190、191 |
| 分線 | 129、130 |
| 平板測量 | 18、77、81、115、117、118、119、121、229 |
| 方眼法 | 57 |
| 補助曲線 | 63〜65、73 |

## ま

| | |
|---|---|
| マール（爆裂火口） | 193〜196、200 |
| 満潮界 | 97、228 |
| 水島コンビナート | 243 |
| 水屋 | 99 |
| 明朝体 | 112 |

## や・ら・わ

| | |
|---|---|
| 藪こぎ | 167、171 |
| 遊歩規程標石 | 166〜171 |
| リアス式海岸 | 174〜176、179 |
| 渡良瀬遊水池 | 250、252 |

277

## なぜ昔の人は地球が楕円だとわかった？
## 航空写真だけで地図をつくれないワケは!?
# 『地図の科学』

山岡光治

3刷！

本体
952円

小学校の社会科で使った地図帳、道路地図、カーナビの地図ソフト、パソコンやケータイの地図サイト——これまで一度も地図を手に取ったことがない人はおそらくいないでしょう。現代生活に密着する地図は、必要不可欠な存在です。でも、いつ、どこで、誰が、どうやって地図をつくっているのか知っていますか？　そんな疑問を、地図づくり一筋47年の元国土地理院中部地方測量部長の著者がやさしく解説します！

第1章　昔はどうやって地図をつくった？
第2章　地図の種類はこんなにある！
第3章　こんなことまで地図からわかる！
第4章　地球はどうやって測る？
第5章　地図はどうやってつくる？
第6章　最新の地図作成技術に迫る！

# サイエンス・アイ新書　シリーズラインナップ

## 科学

|  |  |  |
|---|---|---|
| 410 | わかりやすい記憶力の鍛え方 | 児玉光雄 |
| 408 | 外国語を話せるようになるしくみ | 門田修平 |
| 407 | 一流の本質 | 児玉光雄 |
| 401 | 人体の限界 | 山崎昌廣 |
| 398 | 汚れの科学 | 齋藤勝裕 |
| 391 | 機動の理論 | 木元寛明 |
| 390 | 身近に迫る危険物 | 齋藤勝裕 |
| 388 | アインシュタイン―大人の科学伝記 | 新堂進 |
| 387 | 正しい筋肉学 | 岡田隆 |
| 385 | 逆境を突破する技術 | 児玉光雄 |
| 384 | 大人もおどろく「夏休み子ども科学電話相談」 | NHKラジオセンター「夏休み子ども科学電話相談」制作班/編著 |
| 383 | 「食べられる」科学実験セレクション | 尾嶋好美 |
| 382 | 料理の科学 | 齋藤勝裕 |
| 380 | 航空自衛隊「装備」のすべて | 赤塚聡 |
| 379 | 人工知能解体新書 | 神崎洋治 |
| 378 | 戦術の本質 | 木元寛明 |

## 科学／人体

|  |  |  |
|---|---|---|
| 372 | 正しいマラソン | 金哲彦、山本正彦、河合美香、山下佐知子 |
| 368 | 知っておきたい化学物質の常識84 | 左巻健男・一色健司/編著 |
| 367 | 海上自衛隊「装備」のすべて | 毒島刀也 |
| 363 | 絵でわかる人工知能 | 三宅陽一郎・森川幸人 |
| 358 | 日本刀の科学 | 臺丸谷政志 |
| 357 | 教養として知っておくべき20の科学理論 | 細川博昭 |
| 355 | 知っていると安心できる成分表示の知識 | 左巻健男・池田圭一/編著 |
| 354 | ミサイルの科学 | かのよしのり |
| 351 | 本当に好きな音を手に入れるためのオーディオの科学と実践 | 中村和宏 |
| 349 | 毒の科学 | 齋藤勝裕 |
| 342 | 勉強の技術 | 児玉光雄 |
| 341 | マンガでわかる金融と投資の基礎知識 | 田渕直也 |
| 335 | 親子でハマる科学マジック86 | 渡辺儀輝 |
| 333 | 暮らしを支える「熱」の科学 | 梶川武信 |
| 330 | 拳銃の科学 | かのよしのり |
| 329 | 図説・戦う城の科学 | 萩原さちこ |
| 310 | 重火器の科学 | かのよしのり |
| 309 | 地球・生命－138億年の進化 | 谷合稔 |
| 295 | 温泉の科学 | 佐々木信行 |
| 283 | カラー図解でわかる細胞のしくみ | 中西貴之 |
| 280 | M16ライフル M4カービンの秘密 | 毒島刀也 |
| 276 | 楽器の科学 | 柳田益造/編 |

# サイエンス・アイ新書　シリーズラインナップ

| 270 | 狙撃の科学 | かのよしのり |
|---|---|---|
| 252 | 知っておきたい電力の疑問100 | 齋藤勝裕 |
| 244 | 現代科学の大発明・大発見50 | 大宮信光 |
| 243 | 知っておきたい自然エネルギーの基礎知識 | 細川博昭 |
| 239 | 陸上自衛隊「装備」のすべて | 毒島刀也 |
| 232 | 銃の科学 | かのよしのり |
| 222 | X線が拓く科学の世界 | 平山令明 |
| 217 | BASIC800クイズで学ぶ！理系英文 | 佐藤洋一 |
| 212 | 花火のふしぎ | 冴木一馬 |
| 206 | 知っておきたい放射能の基礎知識 | 齋藤勝裕 |
| 204 | せんいの科学 | 山﨑義一・佐藤哲也 |
| 203 | 次元とはなにか | 新海裕美子/ハインツ・ホライス/矢沢 潔 |
| 202 | 上達の技術 | 児玉光雄 |
| 189 | BASIC800で書ける！理系英文 | 佐藤洋一 |
| 175 | 知っておきたいエネルギーの基礎知識 | 齋藤勝裕 |
| 165 | アインシュタインと猿 | 竹内 薫・原田章夫 |
| 153 | マンガでわかる菌のふしぎ | 中西貴之 |
| 149 | 知っておきたい有害物質の疑問100 | 齋藤勝裕 |
| 146 | 理科力をきたえるQ&A | 佐藤勝昭 |
| 135 | 地衣類のふしぎ | 柏谷博之 |
| 132 | 不可思議現象の科学 | 久我羅内 |
| 106 | 科学ニュースがみるみるわかる最新キーワード800 | 細川博昭 |
| 81 | 科学理論ハンドブック50＜宇宙・地球・生物編＞ | 大宮信光 |
| 80 | 科学理論ハンドブック50＜物理・化学編＞ | 大宮信光 |
| 73 | 家族で楽しむおもしろ科学実験 | サイエンスプラス/尾嶋好美 |
| 66 | 知っておきたい単位の知識200 | 伊藤幸夫・寒川陽美 |
| 53 | 天才の発想力 | 新戸雅章 |
| 37 | 繊維のふしぎと面白科学 | 山﨑義一 |
| 36 | 始まりの科学 | 矢沢サイエンスオフィス/編著 |
| 33 | プリンに醤油でウニになる | 都甲 潔 |
| 13 | 理工系の"ひらめき"を鍛える | 児玉光雄 |
| 4 | 暮らしの中の面白科学 | 花形康正 |

## 数学

| 400 | ざっくりわかるトポロジー | 名倉真紀、今野紀雄 |
|---|---|---|
| 403 | 本当は面白い数学の話 | 岡部恒治、本丸 諒 |
| 375 | 予測の技術 | 内山 力 |
| 366 | 90分で実感できる微分積分の考え方 | 宮本次郎 |
| 346 | おもしろいほどよくわかる高校数学 関数編 | 宮本次郎 |

| | | |
|---|---|---|
| | 343 算数でわかる数学 | 芳沢光雄 |
| | 328 図解・速算の技術 | 涌井良幸 |
| | 320 おりがみで楽しむ幾何図形 | 芳賀和夫 |
| | 317 大人のやりなおし中学数学 | 益子雅文 |
| | 294 図解・ベイズ統計「超」入門 | 涌井貞美 |
| | 263 楽しく学ぶ数学の基礎－図形分野－＜下：体力増強編＞ | 星田直彦 |
| | 262 楽しく学ぶ数学の基礎－図形分野－＜上：基礎体力編＞ | 星田直彦 |
| | 230 マンガでわかる統計学 | 大上丈彦/著、メダカカレッジ/監修 |
| | 219 マンガでわかる幾何 | 岡部恒治・本丸 諒 |
| | 195 マンガでわかる複雑ネットワーク | 右田正夫・今野紀雄 |
| | 109 マンガでわかる統計入門 | 今野紀雄 |
| | 108 マンガでわかる確率入門 | 野口哲典 |
| | 67 数字のウソを見抜く | 野口哲典 |
| | 65 うそつきは得をするのか | 生天目 章 |
| | 61 楽しく学ぶ数学の基礎 | 星田直彦 |
| | 55 計算力を強化する鶴亀トレーニング | 鹿持 渉/著、メダカカレッジ/監修 |
| | 49 人に教えたくなる数学 | 根上生也 |
| | 14 数学的センスが身につく練習帳 | 野口哲典 |
| | 2 知ってトクする確率の知識 | 野口哲典 |
| 物理 | 344 大人が知っておきたい物理の常識 | 左巻健男・浮田 裕 |
| | 316 カラー図解でわかる力学「超」入門 | 小峯龍男 |
| | 299 カラー図解でわかる高校物理超入門 | 北村俊樹 |
| | 292 質量とヒッグス粒子 | 広瀬立成 |
| 物理人体 | 278 武術の科学 | 吉福康郎 |
| | 274 理工系のための原子力の疑問62 | 関本 博 |
| | 269 ヒッグス粒子とはなにか | ハインツ・ホライス／矢沢 潔 |
| | 241 ビックリするほど原子力と放射線がわかる本 | 江尻宏泰 |
| 物理人体 | 226 格闘技の科学 | 吉福康郎 |
| | 214 対称性とはなにか | 広瀬立成 |
| | 209 カラー図解でわかる科学的アプローチ＆バットの極意 | 大槻義彦 |
| | 201 日常の疑問を物理で解き明かす | 原 康夫・右近修治 |
| | 174 マンガでわかる相対性理論 | 新堂 進/著、二間瀬敏史/監修 |
| | 147 ビックリするほど素粒子がわかる本 | 江尻宏泰 |
| | 113 おもしろ実験と科学史で知る物理のキホン | 渡辺儀輝 |
| | 112 カラー図解でわかる科学的ゴルフの極意 | 大槻義彦 |
| | 102 原子(アトム)への不思議な旅 | 三田誠広 |

# サイエンス・アイ新書　シリーズラインナップ

| 77 | 電気と磁気のふしぎな世界 | TDKテクマグ編集部 |
| 76 | カラー図解でわかる光と色のしくみ | 福江 純・粟野諭美・田島由起子 |
| 51 | 大人のやりなおし中学物理 | 左巻健男 |
| 20 | サイエンス夜話 不思議な科学の世界を語り明かす | 竹内 薫・原田章夫 |

## 植物

| 402 | 身近な野菜の奇妙な話 | 森 昭彦 |
| 399 | 桜の科学 | 勝木俊雄 |
| 359 | 身近にある毒植物たち | 森 昭彦 |
| 352 | 植物学「超」入門 | 田中 修 |
| 281 | コケのふしぎ | 樋口正信 |
| 248 | タネのふしぎ | 田中 修 |
| 245 | 毒草・薬草事典 | 船山信次 |
| 242 | 自然が見える！樹木観察フィールドノート | 姉崎一馬 |
| 215 | うまい雑草、ヤバイ野草 | 森 昭彦 |
| 196 | 大人のやりなおし中学生物 | 左巻健男・左巻恵美子 |
| 179 | キノコの魅力と不思議 | 小宮山勝司 |
| 163 | 身近な野の花のふしぎ | 森 昭彦 |
| 133 | 花のふしぎ100 | 田中 修 |
| 114 | 身近な雑草のふしぎ | 森 昭彦 |
| 62 | 葉っぱのふしぎ | 田中 修 |

## 動物

| 392 | それでも美しい動物たち | 福田幸広 |
| 377 | 知っているようで知らない鳥の話 | 細川博昭 |
| 338 | カラー図解でわかる高校生物超入門 | 芦田嘉之 |
| 311 | イモムシのふしぎ | 森 昭彦 |
| 301 | 超美麗イラスト図解 世界の深海魚 最驚50 | 北村雄一 |
| 284 | 生き物びっくり実験！ミジンコが教えてくれること | 花里孝幸 |
| 275 | あなたが知らない動物のふしぎ50 | 中川哲男 |
| 266 | 外来生物 最悪50 | 今泉忠明 |
| 250 | 身近な昆虫のふしぎ | 海野和男 |
| 235 | ぞわぞわした生きものたち | 金子隆一 |
| 208 | 海に暮らす無脊椎動物のふしぎ | 中野理枝/著、広瀬裕一/監修 |
| 190 | 釣りはこんなにサイエンス | 髙木道郎 |
| 166 | ミツバチは本当に消えたか？ | 越中矢住子 |
| 164 | 身近な鳥のふしぎ | 細川博昭 |
| 159 | ガラパゴスのふしぎ | NPO法人日本ガラパゴスの会 |
| 152 | 大量絶滅がもたらす進化 | 金子隆一 |
| 141 | みんなが知りたいペンギンの秘密 | 細川博昭 |
| 138 | 生態系のふしぎ | 児玉浩憲 |

| | | | |
|---|---|---|---|
| | 127 | 海に生きるものたちの掟 | 窪寺恒己/編著 |
| | 124 | 寄生虫のひみつ | 藤田紘一郎 |
| | 123 | 害虫の科学的退治法 | 宮本拓海 |
| | 122 | 海の生き物のふしぎ | 原田雅章/著、松浦啓一/監修 |
| | 121 | 子供に教えたいムシの探し方・観察のし方 | 海野和男 |
| | 101 | 発光生物のふしぎ | 近江谷克裕 |
| | 88 | ありえない!? 生物進化論 | 北村雄一 |
| | 85 | 鳥の脳力を探る | 細川博昭 |
| | 84 | 両生類・爬虫類のふしぎ | 星野一三雄 |
| | 83 | 猛毒動物 最恐50 | 今泉忠明 |
| | 72 | 17年と13年だけ大発生？素数ゼミの秘密に迫る！ | 吉村 仁 |
| | 68 | フライドチキンの恐竜学 | 盛口 満 |
| | 64 | 身近なムシのびっくり新常識100 | 森 昭彦 |
| | 50 | おもしろすぎる動物記 | 實吉達郎 |
| | 38 | みんなが知りたい動物園の疑問50 | 加藤由子 |
| | 32 | 深海生物の謎 | 北村雄一 |
| | 28 | みんなが知りたい水族館の疑問50 | 中村 元 |
| | 27 | 生き物たちのふしぎな超・感覚 | 森田由子 |
| 地学 | 282 | 地形図を読む技術 | 山岡光治 |
| | 279 | これだけは知っておきたい世界の鉱物50 | 松原 聰・宮脇律郎 |
| | 253 | 天気と気象がわかる！83の疑問 | 谷合 稔 |
| | 225 | 次の超巨大地震はどこか？ | 神沼克伊 |
| | 207 | 東北地方太平洋沖地震は"予知"できなかったのか？ | 佃 為成 |
| | 205 | 日本人が知りたい巨大地震の疑問50 | 島村英紀 |
| | 198 | みんなが知りたい化石の疑問50 | 北村雄一 |
| | 197 | 大人のやりなおし中学地学 | 左巻健男 |
| | 194 | 日本の火山を科学する | 神沼克伊・小山悦郎 |
| | 184 | 地図の科学 | 山岡光治 |
| | 182 | みんなが知りたい南極・北極の疑問50 | 神沼克伊 |
| | 173 | みんなが知りたい地図の疑問50 | 真野栄一・遠藤宏之・石川 剛 |
| | 78 | 日本人が知りたい地震の疑問66 | 島村英紀 |
| | 39 | 地震予知の最新科学 | 佃 為成 |
| | 34 | 鉱物と宝石の魅力 | 松原 聡・宮脇律郎 |
| 宇宙 | 350 | 宇宙の誕生と終焉 | 松原隆彦 |
| | 327 | マンガでわかる超ひも理論 | 荒舩良孝 |
| | 315 | マンガでわかる宇宙「超」入門 | 谷口義明 |

# サイエンス・アイ新書 シリーズラインナップ

| | | |
|---|---|---|
| 298 | マンガでわかる量子力学 | 福江 純 |
| 277 | ロケットの科学 | 谷合 稔 |
| 240 | アストロバイオロジーとはなにか | 瀧澤美奈子 |
| 186 | 宇宙と地球を視る人工衛星100 | 中西貴之 |
| 139 | 天体写真でひもとく宇宙のふしぎ | 渡部潤一 |
| 131 | ここまでわかった新・太陽系 | 井田 茂・中本泰史 |
| 125 | カラー図解でわかるブラックホール宇宙 | 福江 純 |
| 87 | はじめる星座ウォッチング | 藤井 旭 |
| 75 | 宇宙の新常識100 | 荒舩良孝 |
| 63 | 英語が苦手なヒトのためのNASAハンドブック | 大崎 誠・田中拓也 |
| 41 | 暗黒宇宙で銀河が生まれる | 谷口義明 |
| 23 | 宇宙はどこまで明らかになったのか | 福江 純・粟野諭美/編著 |

## 工学

| | | |
|---|---|---|
| 406 | プログラミングのはじめかた | あすな こうじ |
| 376 | IoTを支える技術 | 菊地正典 |
| 374 | ロボット解体新書 | 神崎洋治 |
| 347 | 基礎から学ぶ機械製図 | 門田和雄 |
| 322 | 基礎から学ぶ機械工作 | 門田和雄 |
| 321 | カラー図解でわかる金融工学「超」入門 | 田渕直也 |
| 312 | 長大橋の科学 | 塩井幸武 |
| 293 | カラー図解でわかる通信のしくみ | 井上伸雄 |
| 288 | 基礎から学ぶ機械設計 | 門田和雄 |
| 261 | ダムの科学 | 一般社団法人 ダム工学会 近畿・中部ワーキンググループ |
| 256 | はじめる！楽しい電子工作 | 小峯龍男 |
| 251 | 東京スカイツリー®の科学 | 平塚 桂 |
| 176 | 知っておきたい太陽電池の基礎知識 | 齋藤勝裕 |
| 162 | みんなが知りたい超高層ビルの秘密 | 尾島俊雄・小林昌一・小林紳也 |
| 161 | みんなが知りたい地下の秘密 | 地下空間普及研究会 |
| 119 | 暮らしを支える「ねじ」のひみつ | 門田和雄 |
| 105 | カラー図解でわかる 大画面・薄型ディスプレイの疑問100 | 西久保靖彦 |
| 86 | 巨大高層建築の謎 | 高橋俊介 |
| 79 | 基礎から学ぶ機械工学 | 門田和雄 |
| 48 | キカイはどこまで人の代わりができるか？ | 井上猛雄 |
| 31 | 心はプログラムできるか | 有田隆也 |
| 17 | 燃料電池と水素エネルギー | 槌屋治紀 |
| 12 | 基礎からわかるナノテクノロジー | 西山喜代司 |
| 8 | 進化する電池の仕組み | 箕浦秀樹 |
| 6 | 透明金属が拓く驚異の世界 | 細野秀雄・神谷利夫 |

| 乗物 | | | |
|---|---|---|---|
| | 409 | ドッグファイトの科学 改訂版 | 赤塚 聡 |
| | 381 | 航空部隊の戦う技術 | かのよしのり |
| | 371 | エコカー技術の最前線 | 髙根英幸 |
| | 369 | 知られざるステルスの技術 | 青木謙知 |
| | 365 | 知られざる潜水艦の秘密 | 柿谷哲也 |
| | 364 | 誰かに話したくなる大人の鉄道雑学 | 土屋武之 |
| | 360 | F-4 ファントムⅡの科学 | 青木謙知 |
| | 356 | 戦車の戦う技術 | 木元寛明 |
| | 340 | F-15Jの科学 | 青木謙知 |
| | 336 | カラー図解でわかる航空力学「超」入門 | 中村寛治 |
| | 334 | これだけは知りたい旅客機の疑問100 | 秋本俊二 |
| | 332 | 潜水艦の戦う技術 | 山内敏秀 |
| | 326 | 中国航空戦力のすべて | 青木謙知 |
| | 313 | ブルーインパルスの科学 | 赤塚 聡 |
| | 305 | カラー図解でわかる航空管制「超」入門 | 藤石金彌/著<br>一般財団法人 航空交通管制協会/監修 |
| | 303 | F-2の科学 | 青木謙知/著、赤塚 聡/写真 |
| | 291 | 造船の技術 | 池田良穂 |
| | 290 | ジェット旅客機をつくる技術 | 青木謙知 |
| | 285 | 鉄道を科学する | 川辺謙一 |
| | 268 | カラー図解でわかるクルマのメカニズム | 青山元男 |
| | 267 | カラー図解でわかるジェットエンジンの科学 | 中村寛治 |
| | 259 | 徹底検証！ V-22オスプレイ | 青木謙知 |
| | 254 | 鉄道車両の科学 | 宮本昌幸 |
| | 249 | 海上保安庁「装備」のすべて | 柿谷哲也 |
| | 246 | ユーロファイター タイフーンの実力に迫る | 青木謙知 |
| | 236 | みんなが知りたいLCCの疑問50 | 秋本俊二 |
| | 227 | ボーイング787まるごと解説 | 秋本俊二 |
| | 221 | 災害で活躍する乗物たち | 柿谷哲也 |
| | 211 | 世界の傑作旅客機50 | 嶋田久典 |
| | 210 | 第5世代戦闘機F-35の凄さに迫る！ | 青木謙知 |
| | 200 | 世界の傑作戦車50 | 毒島刀也 |
| | 192 | カラー図解でわかるジェット旅客機の操縦 | 中村寛治 |
| | 191 | 世界最強！アメリカ空軍のすべて | 青木謙知 |
| | 181 | 知られざる空母の秘密 | 柿谷哲也 |
| | 180 | 自衛隊戦闘機はどれだけ強いのか？ | 青木謙知 |
| | 177 | みんなが知りたい船の疑問100 | 池田良穂 |
| | 172 | 新幹線の科学 | 梅原 淳 |

## サイエンス・アイ新書 シリーズラインナップ

| 170 | ボーイング777機長まるごと体験 | 秋本俊二 |
| 154 | F1テクノロジーの最前線＜2010年版＞ | 檜垣和夫 |
| 150 | カラー図解でわかるジェット旅客機の秘密 | 中村寛治 |
| 148 | ジェット戦闘機 最強50 | 青木謙知 |
| 145 | カラー図解でわかるクルマのハイテク | 高根英幸 |
| 144 | みんなが知りたい空港の疑問50 | 秋本俊二 |
| 142 | AH-64 アパッチはなぜ最強といわれるのか | 坪田敦史 |
| 140 | カラー図解でわかるバイクのしくみ | 市川克彦 |
| 134 | ボーイング787はいかにつくられたか | 青木謙知 |
| 130 | M1エイブラムスはなぜ最強といわれるのか | 毒島刀也 |
| 126 | イージス艦はなぜ最強の盾といわれるのか | 柿谷哲也 |
| 117 | ヘリコプターの最新知識 | 坪田敦史 |
| 94 | もっと知りたい旅客機の疑問50 | 秋本俊二 |
| 93 | F-22はなぜ最強といわれるのか | 青木謙知 |
| 90 | 船の最新知識 | 池田良穂 |
| 60 | エアバスA380まるごと解説 | 秋本俊二 |
| 35 | みんなが知りたい旅客機の疑問50 | 秋本俊二 |
| 30 | カラー図解でわかるクルマのしくみ | 市川克彦 |

〈シリーズラインナップは2018年6月時点のものです〉

## サイエンス・アイ新書 発刊のことば

# 「科学の世紀」の羅針盤

　20世紀に生まれた広域ネットワークとコンピュータサイエンスによって、科学技術は目を見張るほど発展し、高度情報化社会が訪れました。いまや科学は私たちの暮らしに身近なものとなり、それなくしては成り立たないほど強い影響力を持っているといえるでしょう。

　『サイエンス・アイ新書』は、この「科学の世紀」と呼ぶにふさわしい21世紀の羅針盤を目指して創刊しました。情報通信と科学分野における革新的な発明や発見を誰にでも理解できるように、基本の原理や仕組みのところから図解を交えてわかりやすく解説します。科学技術に関心のある高校生や大学生、社会人にとって、サイエンス・アイ新書は科学的な視点で物事をとらえる機会になるだけでなく、論理的な思考法を学ぶ機会にもなることでしょう。もちろん、宇宙の歴史から生物の遺伝子の働きまで、複雑な自然科学の謎も単純な法則で明快に理解できるようになります。

　一般教養を高めることはもちろん、科学の世界へ飛び立つためのガイドとしてサイエンス・アイ新書シリーズを役立てていただければ、それに勝る喜びはありません。21世紀を賢く生きるための科学の力をサイエンス・アイ新書で培っていただけると信じています。

2006年10月

※サイエンス・アイ（Science i）は、21世紀の科学を支える情報（Information）、
知識（Intelligence）、革新（Innovation）を表現する「 i 」からネーミングされています。

**≡ SB Creative**

サイエンス・アイ新書
SIS-415

http://sciencei.sbcr.jp/

# 地形図を読む技術
## 新装版
すべての国土を正確に描いた基本図を活用する極意

2013年7月25日　初版第1刷発行
2018年8月25日　新装版第1刷発行

著　者　山岡光治
発行者　小川 淳
発行所　SBクリエイティブ株式会社
　　　　〒106-0032　東京都港区六本木2-4-5
　　　　電話：03-5549-1201（営業部）
装　丁　株式会社ブックウォール
組　版　株式会社ビーワークス、クニメディア株式会社
印刷・製本　株式会社シナノ パブリッシング プレス

乱丁・落丁本が万が一ございましたら、小社営業部まで着払いにてご送付ください。送料小社負担にてお取り替えいたします。本書の内容の一部あるいは全部を無断で複写（コピー）することは、かたくお断りいたします。本書の内容に関するご質問等は、小社科学書籍編集部まで必ず書面にてご連絡いただきますようお願いいたします。

©山岡光治　2018 Printed in Japan　ISBN 978-4-7973-9884-7

SB Creative